宝宝怎么吃

每日一读

吴光驰◎主编

U0225718

中国妇女出版社

图书在版编目（CIP）数据

宝宝怎么吃每日一读 / 吴光驰主编.--北京：中
国妇女出版社，2017.1

ISBN 978-7-5127-1346-8

Ⅰ.①宝…　Ⅱ.①吴…　Ⅲ.①婴幼儿—保健—食谱
Ⅳ.①TS972.162

中国版本图书馆CIP数据核字（2016）第235629号

宝宝怎么吃每日一读

作　　　者：吴光驰　主编
策划编辑：王晓晨
责任编辑：肖玲玲
装帧设计：尚世视觉
责任印制：王卫东
出版发行：中国妇女出版社
地　　址：北京市东城区史家胡同甲24号　　邮政编码：100010
电　　话：（010）65133160（发行部）　　65133161（邮购）
网　　址：www.womenbooks.com.cn
经　　销：各地新华书店
印　　刷：北京中科印刷有限公司
开　　本：170×240　1/16
印　　张：19.75
字　　数：320千字
版　　次：2017年1月第1版
印　　次：2017年1月第1次
书　　号：ISBN 978-7-5127-1346-8
定　　价：49.80元

目 录

第⑤章 7个月 逐渐增加辅食种类·························115

第 6 章　8个月 宝宝开始享受用手抓食物吃的乐趣·······141

第 **7** 章　9个月 细嚼型辅食适量增加膳食纤维 ············· 167

第**8**章　10个月　开始断奶，逐渐增加辅食品种·········· 193

第 **9** 章　11个月 学习咀嚼要循序渐进 ····················· 219

第 ⑩ 章　12个月 细嚼慢咽，培养宝宝饮食好习惯·······247

附　录 289

专题　新手妈妈不可不知的
宝宝喂养常识

了解不同成长阶段宝宝的饮食特点

新生儿期：母乳喂养关键期

宝宝出生后的第1个月，也称新生儿期。对于新生儿来说，最理想的营养来源莫过于母乳。母乳含有宝宝成长所需的所有营养和抗体，如母乳含有3.8%的脂肪，除了能为宝宝提供身体热量之外，还能满足宝宝脑部发育所需的脂肪；丰富的钙和磷可以使宝宝长得又高又壮；免疫球蛋白可以有效地保护宝宝，使宝宝免受细菌和疾病的侵犯。

如果母乳不足或完全没有，就要选择相应阶段的配方奶，定时定量喂哺。配方奶中的营养成分与母乳十分接近，基本能满足宝宝的营养需要。

新生儿饮食没有规律性，因其胃口小，新陈代谢比较快，所以饿得也快。只要宝宝张着嘴巴哭闹，妈妈感到奶胀，或者妈妈认为宝宝需要时，就都可以进行哺乳。一般来说，新生儿每天吸乳10～12次为正常。

婴儿接受母乳的规律有差异，这就是按需喂养的基础。只要自己养成一定规律，每次进食正常、生长正常，就是正常的喂养。

1～5个月：全面母乳喂养期

宝宝满月后，随着生长发育的加快，应按身体需要适当补充维生素D等营养元素，同时也要慢慢地建立规律的饮食习惯。

随着月龄的增加，宝宝每次吃奶的量会大大增多，不但吃得多，而且吃得快，吞咽的时候能听见"咕嘟、咕嘟"的声音，嘴角还不时地溢出奶液来。这段时期的宝宝饮食应以母乳和配方奶为主，一般无须添加其他辅食。

5～6个月：添加辅食准备期

5～6个月的宝宝对食物的需求没有太大的变化，仍以母乳和配方奶为主。为了刺激宝宝对乳类以外食物产生兴趣，锻炼宝宝的

咀嚼和吞咽能力，为以后的断奶做准备，此时应适当让宝宝吃些辅食。有缺铁性贫血症状的婴儿，可在4个月时适当添加辅食。宝宝最初的辅食应以含铁的米粉为主。

辅食添加要适当，否则会导致宝宝腹泻及胃肠功能紊乱，不仅达不到添加辅食的目的，反而造成宝宝原有营养流失。给5～6个月宝宝添加辅食还应注意，不要影响母乳的喂养，此时充足的奶量仍是宝宝健康生长发育的重要保障。

6~10个月：逐渐进入断奶期

宝宝到了6个月以后，口腔唾液淀粉酶的分泌功能日益完善，神经系统和肌肉控制能力也逐渐增强，吞咽活动已经很自如了。这时，可给宝宝吃些稍有硬度的食物。

7～8个月的宝宝开始萌出乳牙，有了咀嚼能力，同时舌头也有了搅拌食物的功能，对饮食也越来越多地显示出个人的爱好，喂养上也随之有了一定的要求。宝宝可继续吃母乳和配方奶，奶量可保持在每天500毫升左右，添加的辅食以谷物为主，配上蛋黄、鱼泥或肝泥等。

9～10个月宝宝的咀嚼能力逐渐增强，可适当添加一些稍硬的食物，如碎菜叶、面条、肉末等。但是宝宝的消化能力还不完善，因此要注意食物的软烂程度。

10~12个月：一日三餐确定期

10～12个月宝宝的饮食可以大致照一日三餐来安排了。除三餐外，早晚还要各吃一次奶。母乳可由早晚各一次，逐渐减为晚上一次，最后完全停掉而代之以配方奶。宝宝现在能吃的饭菜种类很多，但由于臼齿还未长出，不能把食物咀嚼得很细。因此，10～12个月宝宝的饭菜要做得软烂一些，肉要剁成末，蔬菜要切得较碎，以便于消化。

10～12个月宝宝大多数在学步，比较贪玩，所以食欲会有所下降，有的则表现为挑食。会走的宝宝对食物更加挑剔，不喜欢吃往往就跑开不吃，妈妈要积极引导，避免宝宝养成偏食、挑食的不良习惯。

1~1.5岁：咀嚼消化提高期

1～1.5岁的宝宝牙齿已经长出来有5～8颗了，与婴儿时期相比，其咀嚼能力和消化能力都有了明显提高，但消化系统仍然比较弱，无法和成人相比。因此，妈妈们不要怕麻烦，应细心地为宝宝烹制适合的饭菜，以促进宝宝的健康成长。在给宝宝做饭菜时，要注意软、烂、碎，特别是对于不容易消化的肉类和植物纤维类食物如芹菜等更应仔细加工。

1～1.5岁的宝宝在保证一日三餐的基础上，每天还要喝两次奶，总量应保持在500毫升左右。奶类可为宝宝提供优质蛋白质，还可以补钙，是宝宝强健骨骼、促进大脑发育的重要保障。同时为了适应生长发育的需要，还要吃些点心、零食，但要适量，尤其是甜食不能吃得太多，且不能影响正餐。

1.5~2岁：成人饮食过渡期

宝宝到1.5岁时，随着消化和咀嚼功能的不断完善，可以接受稍硬的食物了。此阶段的饮食在慢慢向成人过渡，粮食、蔬菜、肉类已成为宝宝摄取营养的主要来源。不过此时宝宝还不能完全吃成人的食物，营养均衡、易于消化应成为此时宝宝饮食的原则。

早餐可以给宝宝吃面包、饼干、鸡蛋、牛奶等，不要吃油饼、油条等油炸食物。应继续让宝宝喝奶，每天的奶量最好控制在250毫升左右。在奶量减少后，每天要给宝宝吃两次点心，时间可以安排在下午和晚上，但不要吃得过多，以免影响宝宝的食欲和食量。否则时间长了，会引起宝宝营养不良。

2~3岁：热量需求膨胀期

2～3岁的宝宝，已经长齐了20颗乳牙，咀嚼能力大大增强，可以直接吃成人的食物了，如馒头、面条、饺子、肉等。但在给这个时期的宝宝做饭时，妈妈仍需要特殊对待，一些较硬的食物要炖得比成人食物软烂一些，这样才有助于宝宝的消化吸收。

2～3岁的宝宝活动量相当大，所需热量比2岁前要多很多，每天所需要的热量为1200千卡～1500千卡。为了保证宝宝每天能够获得充足的热量，需要科学安排好日常饮食。如果宝宝的活动量比较大，还需要在主餐之外再补充一些点心，如饼干、糕点等。

0~1岁各阶段的食物处理方式

1岁以内，食物分阶段处理

	3~4个月：汁的阶段	5~7个月：泥的阶段	8~9个月：颗粒阶段	10~12个月：小块阶段
苹果	洗净切块，放入榨汁机榨汁，喂食过滤后的汁	用铁汤匙刮成泥状喂食	切成碎丁，可以让宝宝自己用手抓着吃	切成小块放在碗里，宝宝自己捏着放入嘴里
胡萝卜	切片放在碗里，加水，蒸熟，喂食碗内的水	蒸熟，用铁汤匙或磨泥器捣成泥喂食	蒸熟，切成小颗粒，用手大把抓着往嘴里送	切成条，蒸熟后放在碗里，宝宝自己拿着吃
鱼肉		蒸熟，去刺，用铁汤匙碾成泥，加入粥里喂食	炖熟去刺，撕成肉丝放在碗里，用手抓着吃	蒸熟去刺，大块置于碗里，用手指捏着吃
豆腐		煮熟磨碎，加入粥里喂食	从饭汤里拣出来置于碗里，用汤匙压扁，用手抓着吃	饭汤里的豆腐块拣出来，用手指捏着吃
西蓝花	洗净切块，放入榨汁机中榨汁，喂食过滤后的汁	切成小朵，煮熟磨碎，加入粥里喂食	切成小朵煮熟捞出，切成更小的块，大把抓着吃	切成小朵，煮熟捞出，用手指捏着吃
猪肉		煮熟，剁碎，加入粥里喂食	煮熟，剁成肉末，大把抓着吃	煮熟，切成小块，捏着吃

满1岁时食物的处理

猪肉	香蕉	西蓝花	苹果	胡萝卜
切成块、丝、条、片都可以，炖、炒着吃，连菜带肉一起吃	剥去皮，用手抓着直接吃	切成大朵，炒或焯后凉拌均可，勺子舀不起来就用手抓着吃	切成大块，用手抓着吃	切成片、丝、块，炖、炒均可，用手抓着吃

警惕容易造成哽噎的7种禁忌食物

宝宝在进食的时候，并不像成人那样可以控制进食的量，有时还会将未经咀嚼的食物整个吞下，从而造成食道阻塞而发生哽噎，严重时，可能会危及宝宝的生命。因此，家长要小心应对，避免给宝宝添加以下这些容易导致宝宝哽噎的食物。

果冻

果冻是宝宝喜欢的零食，因其晶莹的外观、鲜艳的色泽、软滑的口感而深受宝宝的喜爱。但给宝宝吃果冻时，要小心留意，更要注意方法，以免宝宝因吞食果冻而发生意外。

应对方法

建议家长给宝宝吃果冻时，不要把整个果冻给宝宝，可以先切碎后再给宝宝吃，这样既方便宝宝品尝，又不会造成哽噎。

其他注意事项

宝宝吃果冻不宜过量。

有些果冻虽然号称是"果味"果冻，但实际上生产原料中并没有果汁、果肉，而是添加了果味香精和食品色素。这样的果冻，营养价值不高，最好不要给宝宝吃。

糖果

糖果是以白砂糖、淀粉糖浆、甜味剂等为主要原料制成的，因甜美的口感而深受宝宝喜爱。常见的糖果有硬糖、软糖、奶糖、夹心糖等，无论是哪种糖果，都不宜整颗给宝宝食用，以防发生哽噎。

应对方法

刚开始给宝宝吃糖的时候，最好从软糖开始，而且要将软糖切成丁再给宝宝吃。硬糖果则要等宝宝大一些的时候再给。

其他注意事项

宝宝不宜多吃糖果，以免引起龋齿，每次

吃完糖要让宝宝喝一些白开水，家长要控制宝宝吃糖的量。

大块的肉

肉块过大，宝宝无法充分咀嚼，极容易导致哽噎。因此，在宝宝咀嚼能力增强之前，避免给宝宝添加大块的肉。

应对方法

可将大的肉块切成肉丁或者绞成肉末。当宝宝牙齿长齐且咀嚼能力增强之后，就可以给宝宝吃稍微大块的肉了。

刺多的鱼

鱼类含有丰富的营养，对宝宝健康十分有利。但很多鱼的刺较多，稍有不慎就会伤到宝宝，甚至会刺伤宝宝的口腔和食道。

应对方法

给宝宝吃鱼时，应尽量将鱼刺剔除干净，最好给宝宝吃一些刺少的鱼，如三文鱼、银鱼、鳕鱼等。另外，烹制鱼肉时，可将鱼处理成碎末，这样更便于剔除鱼刺。吃鲈鱼、鲫鱼、鲢鱼、鲤鱼、武昌鱼时，最好给宝宝选择没有小刺的腹肉。

其他注意事项

宝宝一旦被鱼刺卡住，家长要保持镇定，一定要尽快带宝宝就医。另外，鱼刺夹出后的两三天内也要密切观察，如宝宝还有咽喉痛、进食不正常或流口水等表现，一定要带宝宝到正规医院的耳鼻喉科进行检查，确定是否有残留的异物。

坚果

坚果含有丰富的不饱和脂肪酸，对婴幼儿的智力发育十分有利。但需要注意的是，给宝宝吃坚果时，应避免将果仁直接给宝宝食用，以免噎到宝宝，甚至导致气管异物。

应对方法

给宝宝吃的坚果最好捣成碎末，然后加入其他食物中搅拌均匀再给宝宝食用。

其他注意事项

有些坚果可能会引起婴幼儿过敏反应，如花生等，因此不宜随意添加。最初可以少量添加，观察宝宝没有过敏反应后，可以增加食用量。

选购坚果时，应选择新鲜、品质良好的，过期和发霉、变质、有异味的坚果，不要给宝宝吃。

体积较小的核果类水果

樱桃、葡萄、荔枝、桂圆等体积小巧的核果类水果，虽然味道鲜美，但并不适合直接给婴幼儿食用，因为这类水果非常容易导致宝宝哽噎。

应对方法

将果核去除后再将水果磨成泥给宝宝食用，就不用担心宝宝破噎住了。

其他注意事项

樱桃、荔枝、桂圆属热性食物，宝宝不宜过量食用。

纤维较多的蔬菜

白菜、芹菜、豆芽等含膳食纤维较多，如果直接给宝宝吃较大块的蔬菜，宝宝嚼不烂，无法消化。

应对方法

将蔬菜切成小丁或者磨成泥再给宝宝吃。

其他注意事项

宝宝患腹泻期间，忌食纤维较多的蔬菜。

宝宝怎么吃每日一读

第1章 0~3个月
认识母乳喂养的重要性

0~3个月的宝宝

新生儿期：身上皮肤粉红、细嫩，头显得很大，呼吸微弱得几乎听不见，四肢蜷缩在胸前。

第2个月：宝宝发育较快，宝宝会用笑和哭表达意愿，手的能力也有了长进。

第3个月：从外表上看比以前长大了许多，体重几乎是出生时的两倍。

第 0~28 天
神奇的初乳

母乳——宝宝最完美的食物

母乳是宝宝成长中最自然、最安全、最完美的天然食物。它含有宝宝成长所需的所有营养和抗体，特别是母乳含有3.8%的脂肪，除了为宝宝提供热量之外，还为宝宝提供脑部发育所需的脂肪（脑部60%的结构来自脂肪）；丰富的钙和磷，可以使宝宝长得又高又壮；免疫球蛋白可以有效保护宝宝，使宝宝免受细菌和疾病的侵犯。

早开奶、早吸吮

联合国儿童基金会提出，新生儿在出生后半小时便可吸吮母亲乳头，最晚也不应超过6小时。开奶越早、喂奶越勤，宝宝越能尽快吃到营养丰富的初乳，也有利于促进妈妈的乳汁分泌，有助于母乳喂养的成功。初乳是母亲产后最初几日产生的乳汁，含有丰富的抗体，对多种细菌、病毒具有抵抗作用，所以应及时让宝宝吃上初乳。

按需哺乳

在宝宝出生几天内母乳分泌量较少，不宜刻板固定时间喂奶，可根据需要调节喂奶次数。母亲乳汁较少时，给宝宝吃奶的次数应增加。一方面可以满足宝宝的生理需要；另一方面通过宝宝吸吮的刺激，也有助于泌乳素的分泌，继而乳汁量也会增加。另外，新生儿消化乳类的能力很强，喂奶次数应根据新生儿饥饱状态决定。

宝宝是否吃饱了

如果宝宝尚未吃饱，不到下次吃奶时间就会哭闹。

在哺乳后用乳头触动宝宝嘴角时，如果宝宝追寻乳头索食，吃时吮吸得更快，说明母亲奶量不足。

由于饥饿，可造成婴儿肠蠕动加快，大便次数增多，且便质不正常。

长时间奶量不足，可能影响宝宝发育，出现体重不增加的状况。

正确的哺乳方式

正确的哺乳技巧

在母乳喂养过程中，掌握哺乳的方法与技巧，对于是否可以顺利完成哺乳任务，更好地养育宝宝，具有非常重要的意义。掌握了正确的哺乳姿势，宝宝舒服，妈妈也不会觉得很累。

哺乳姿势大致可分为摇篮式（坐

位）、环抱式（或称足球式）、卧式（仰卧、侧卧）。

妈妈要找到放松舒适的体位，让宝宝身体贴近妈妈，脸向着妈妈，鼻子对着乳头，头与身体成一直线，胸贴胸，腹贴腹，下颌贴乳房，妈妈手托着宝宝的臀部。

托乳房的姿势

拇指和其余四指分开，四指并拢在乳房下的胸壁上，用食指托乳房的根部，拇指轻轻放在乳房上方，但要注意妈妈的手不要离乳头太近。

正确的含接姿势

用乳头碰宝宝上嘴唇，诱发宝宝觅食反射，待宝宝张大嘴，让宝宝同时含住乳头及大部分乳晕，而非只含住乳头。因为压迫乳晕有益于刺激乳汁分泌，宝宝会慢而深地吸吮，能看到吞咽的动作和听到吞咽的声音。

充分排空乳房可促进乳汁分泌

充分排空乳房，会刺激泌乳素大量分泌，可以产生更多的乳汁。在一般情况下，可以使用传统的手法挤奶或使用吸奶器吸奶，这样可以充分排空乳房中的乳汁。

尽量不用奶瓶

母乳不足时，特别是在宝宝出生后1个月之内，尽量不要使用奶瓶哺乳，以避免宝宝出现乳头错觉，从而拒绝吸吮母乳。同时，还应该注意两侧乳房轮流喂哺，以保证乳房均衡泌乳。

不宜进行"哺乳前喂养"

新生儿的体内有一定的营养积蓄，暂时吃不到母乳不会妨碍他的生长发育。而且，只要宝宝吸吮充分，99%以上的新妈妈在第3~5天都能开始分泌足够宝宝吃的奶水。

目前一般认为，新生儿不宜进行"哺乳前喂养"（在第一次喂母乳前给新生儿喝糖水或配方奶），它的弊端主要在于：开始喂哺时，妈妈不是乳腺管没有通畅导致乳头不出奶水，就是奶水还没有下来。这两种情形都会导致宝宝努力吸吮却吃不到奶。如果此时可以轻松喝到配方奶，宝宝就会拒绝再吸妈妈的乳头，导致母乳喂养的失败。这会使妈妈产生自己奶水不够的错觉，从而造成心理压力，影响泌乳。

第 1 ~ 2 个月
按需哺乳，宝宝长得快

✹ 母乳喂养"质""量"并重

有些妈妈很想母乳喂养，可是生完宝宝都好几天了，不是不见奶水，只是奶水很少，心里很是着急。其实，产后奶水的多少，既受泌乳素的限制，又受乳房组织本身发育情况的影响。除此之外，要维持足够的奶量，妈妈还应该适当增加一些富含蛋白质食物的摄入，如瘦肉、鸡蛋等，尤其是要喝些有催乳作用的汤水，如鸡汤、猪蹄汤、鲫鱼汤等。

✹ 按需喂养不让宝宝挨饿

尽管新生儿的胃容量小，但消化乳类能力很强，所以喂奶次数应以新生儿饥饱状态决定。因此，当新生儿睡不实，眼球开始转动，出现觅食反射，并有饥饿啼哭，而母亲也自觉乳房胀痛时，就应开始喂哺，哪怕距上次哺乳才一两个小时也要喂，这种喂养叫"按需哺乳"。

满月后的婴儿，只要母乳充足，随着每次吸奶量增多，吃奶的间隔时间会自然延长，此时可采取定时喂养，但时间不能规定得过于呆板。一般情况下，两个月以内婴儿每隔3~4小时喂奶1次，一昼夜吃6~8次；3~4个月婴儿每日喂6次左右，以后渐减。按需喂哺，不仅可以满足宝宝的生理需求，还可以刺激妈妈乳汁分泌。

✹ 母乳喂养可以不喂水

联合国儿童基金会提出"母乳喂养不需加水"。母乳含水量达80%以上，通常情况下，母乳喂养的宝宝，在4个月内不必增加任何食物和饮料，包括水。

某些特殊情况下，如宝宝因高热、腹泻发生脱水时，或者服药后、盛夏出汗多时，还是需要另喂些温开水的。混合喂养的宝宝和人工喂养的宝宝在两餐之间应该补充些白开水。

虽然母乳喂养的宝宝不需要喂水，但是让宝宝尝尝水的味道，为日后顺利喂水做准备，还是很有必要的。

✹ 混合喂养和人工喂养方法

虽然我们极力提倡母乳喂养，但是当母乳不足或不能按时给宝宝哺乳时，就需要给宝宝吃配方奶，也就是进行混合喂养或人工喂养。

混合喂养

代授法：以配方奶完全代替一次或几次母乳喂哺，但总次数不应超过每天哺乳次数的一半。

人工喂养

由于各种原因妈妈不能亲自喂哺宝宝，完全用婴儿配方奶、牛奶、羊奶或其他代乳品喂哺宝宝，称之为人工喂养。人工喂养首选婴儿配方奶，它非常接近母乳的营养成分。

❀宝宝吐奶怎么办

吐奶最常见的原因是由于宝宝的胃肠道和喉部还没有发育成熟，偶尔是因为宝宝患了胃肠道疾病或者全身性疾病。

喂奶后，不要让宝宝立即躺下。竖抱宝宝，使其头部靠在父母肩上，轻拍宝宝背部，帮助宝宝打个饱嗝，可以有效防止吐奶。如果用奶瓶喂宝宝，奶嘴的孔不要太大，喂哺时要让奶水充满奶嘴，避免让宝宝吞入太多的空气。

如果宝宝突然吐奶，并伴有精神萎靡、烦躁不安等症状，就要及时带宝宝去医院检查了。

进食配方奶出现严重呕吐，继之血便，应考虑牛奶过敏。过敏除了可侵袭皮肤，还会侵袭消化道和呼吸道，呕吐、便血是严重的过敏表现。建议继续母乳喂养，妈妈一定要回避牛奶及任何含乳制品。如果母乳真的不足，必须添加深度水解或氨基酸配方奶。注意：有些钙剂、细菌制剂等也含牛奶，一定要避免。

❀学会看懂宝宝的便便

母乳喂养宝宝的便便

母乳喂养的宝宝，便便一般都会软和稀一些，这是因为1岁以内的宝宝肠道蠕动快，便便中的水分被吸收得较少，这是正常的现象。便便的颜色有些是黄色，有些是绿色，也常夹杂着发白的混合物，还有少数黏液类的东西。有人认为稀糊状的便便就是便秘，或者绿色的便便就是消化不良。其实大多数是正常的，无须担心，也不必给宝宝吃任何药物。

人工喂养宝宝的便便

人工喂养的宝宝，大便通常呈浅黄色稠糊状或成形，所以宝宝需要适量喂水，两个月以上的宝宝可以适量喂些果水。如果闻到大便臭味很重，可能是蛋白质消化不好，如果大便中有奶瓣，是由未消化完全的脂肪与钙或镁化合而成

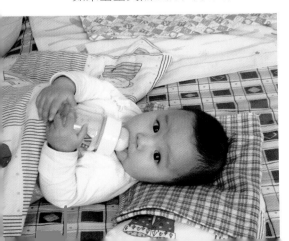

的皂块。不同品牌的配方奶或同品牌不同配方的奶粉，因为成分的不同，也会影响宝宝便便的形状。

❋宝宝便秘了

如果宝宝排便次数突然减少，3~4天才有1次大便，而且粪便发硬，宝宝排便时非常费力，那就说明宝宝便秘了。

如果是母乳喂养，就需要改变妈妈的饮食结构，增加蔬菜、水果和水分的摄入。如果是喂配方奶，需要在正常的比例中多加30毫升~50毫升的水，也可以在两次喂奶中间，给宝宝喂一点儿白开水。在宝宝有便意时，轻轻按顺时针方向按摩他的腹部，也有一定的效果。

切记，不要给宝宝喂蜂蜜水、葡萄糖或者泻药。

❋纯母乳喂养至少6个月

最佳的婴儿喂养方法是出生后6个月内进行纯母乳喂养，之后继续母乳喂养，同时适当添加安全的辅食，直到2岁甚至2岁以上。6个月以前的宝宝较少生病，不仅缘于母体带给他的免疫力，母乳同时也在持续供给他免疫物质。母乳中含有的轻泻成分，使纯母乳喂养的宝宝大便不成形且次数多，这确保宝宝不被便秘困扰，也不会影响生长发育。

研究发现，如果6个月大的婴儿采用纯母乳喂养，患湿疹、哮喘等过敏性病症的风险较低。但6个月后仍然纯母乳喂养的话，患过敏性疾病的风险会增加。

❋混合喂养的最佳方案

母乳喂养和人工喂养同时进行，称为混合喂养。但是有些混合喂养的宝宝会出现乳头错觉，有拒奶、烦躁等现象，造成母乳喂养困难，所以在混合喂养时，需要注意一些问题。

一顿只吃一种奶

不要一顿既吃母乳、又吃配方奶，这样不利于宝宝的消化，容易使宝宝对乳头产生错觉，可能引起对奶粉的厌食，拒绝用奶嘴吃奶。所以，母乳和配方奶要分开喂养。不要先吃母乳，不够了，再调奶粉。即使没吃饱，也不要马上喂配方奶，不要将下一次喂奶时间提前。另外，每次冲奶粉时，不要放太多，尽量不让宝宝吃搁置时间过长的奶粉，水温最好和人体的温度差不多，一般在36℃左右即可。

夜间最好是母乳喂养

夜间妈妈比较累，尤其是后半夜，起床给宝宝冲奶粉很麻烦。另外，夜间妈妈处于休息状态，乳汁分泌量会相对增多，宝宝的需要量又相对减少，母乳基本可以满足宝宝的需要。但如果母乳分泌量确实太少，宝宝吃不饱，这时就要以配方奶为主了。

充分利用有限的母乳

当添加配方奶后，有些宝宝就喜欢

上了奶瓶，因为橡皮奶嘴孔大，吸吮很省力，吃起来痛快。而母乳流出来比较慢，吃起来比较费力，宝宝就开始对母乳不感兴趣了。

但妈妈要尽量多喂宝宝母乳，如果不断增加配方奶量，母乳分泌就会减少，对继续母乳喂养不利。母乳是越吸越多的，如果妈妈认为母乳不足，而减少喂母乳的次数，就会使母乳越来越少。母乳喂养与配方奶喂养的次数要均匀分开，不要很长一段时间都不喂。

促进母乳分泌、提高母乳质量的食谱（一）

烧酒虾

【材料】当归7克，川芎5克，枸杞15克，桂枝2克，草虾250克，姜20克。

【调料】米酒500毫升，橄榄油1汤匙，盐1/2茶匙。

【做法】

1.草虾洗净，姜洗净切片。川芎、枸杞、当归、桂枝放入纱布袋中扎紧口袋。

2.橄榄油入锅加热后，放入姜片炒成微黄，再加米酒与草虾、纱布袋，大火煮沸后转小火继续煮30分钟。入盐调味即可。

【服法】

分娩两周后服用。剖宫产产妇必须等伤口红肿退了以后才可以服用。

花生猪蹄汤

【材料】猪前蹄1个，花生200克，老姜4片，葱1棵，王不留行15克，通草25克，黄芪50克，当归7克，红枣、黑枣各3颗，炙甘草2片。

【调料】盐1/2茶匙，料酒3汤匙，八角1颗。

【做法】

1.猪前蹄洗净，切块，用沸水氽烫，再用清水冲洗。

2.将上述药材用纱布袋包裹，备用。

3.将全部材料、料酒、八角和药材包放入锅中，炖煮90分钟，取出药材包，加盐调味即成。

猪蹄姜

【材料】生猪蹄2个，熟鸡蛋3个，姜20克。

【调料】甜醋500克，盐适量。

【做法】

1.姜洗净、去皮，晒干或入锅（不加油）炒干。

2.将甜醋放在砂锅中，大火煮开后加入姜、盐，煮开即可，放置一旁待凉。第二天取出再煮开，煮开即关火，放置一旁待凉。如此每天取出翻煮，反复几天。

3.食用前一两天，从大砂锅中取适量姜醋放在小砂锅中，煮开。

4.猪蹄洗净，入锅（不加油）炒至水干，放入小砂锅中煮熟。

5.加入去壳熟鸡蛋，煮开后即可关火，放置一旁，一天后即可食用。

红枣炖鸡

【材料】鸡腿1只，红枣、黄芪、党参各25克，当归10克。

【调料】醪糟适量。

【做法】

1.将鸡腿洗净切块，红枣洗净沥干备用。

2.将所有材料和醪糟同时放入碗中，用保鲜膜封口，放到锅内蒸（锅内加入2碗水），蒸熟后即可。

鲫鱼汤

【材料】鲜鲫鱼1条，白菜或香菜、胡萝卜各适量。

【调料】盐少许。

【做法】

1.鲫鱼处理干净，加水煮至汤成乳白色。

2.放入适量白菜或香菜、胡萝卜，加盐少许，煮开即可。

小米鸡蛋红糖粥

【材料】新鲜小米100克，鸡蛋2个。

【调料】红糖适量。

【做法】

1.将小米清洗干净，在锅里加足清水，烧开后加入小米，以中火熬煮。

2.待煮开后改成小火熬煮，直至煮成烂粥。

3.在烂粥里打散鸡蛋，搅匀，稍煮后放入红糖即可。

山药红枣炖排骨

【材料】山药250克，红枣6颗，排骨250克，生姜2片。

【调料】盐适量。

【做法】

1.山药去皮、切小块；排骨洗净，氽烫，去血水备用。

2.锅中加清水煮滚后，加入排骨、山药块煮数分钟。

3.快煮好时，放入红枣、姜片及盐，再稍微煮一下即可。

第2个月
母乳喂养进行时

✳ 喂奶后，记得拍嗝

拍嗝的目的是帮助宝宝排出在吃奶时吞进胃里的空气。为了使宝宝容易打嗝，喂奶时要把宝宝头部的姿势摆正。每次哺乳到一半，可以停下来竖抱着宝宝拍嗝，最好在能听到宝宝喉咙里发出"呃"的声音后，再把宝宝横抱着继续哺乳。宝宝吃饱后再次拍嗝，结束喂奶后，尽量在成功拍出嗝后再平放下宝宝，以免宝宝睡到一半时漾奶。一般来说，拍嗝能明显减少宝宝漾奶的次数。

✳ 宝宝长得快还是慢

对于小宝宝，父母最关心的就是宝宝的"长势"了，看到宝宝长高、长胖就会特别高兴。宝宝的身高和体重的确反映了宝宝的营养状况，父母可以在家里对宝宝进行定期测量。但是不要简单地理解一次偶然的测量结果，只要宝宝的生长发育一直保持稳定的速度，并且处于他这个年龄的数值范围内，不管他长得高点儿还是矮点儿，都是正常的。

✳ 母乳的保存

哺乳期妈妈有时候需要外出，不能保证每顿都可以自己喂宝宝。此时，可以将多余的母乳吸出来，储存起来。

吸出来的母乳要放入干净的容器中，如消过毒的塑料桶、奶瓶或专门的奶袋等。清洁消毒过的装奶器皿不要装得太满，留足冷冻后膨胀的空间。如果长期存放母乳，最好不要用塑料袋装。另外，最好按每次给宝宝喂奶的量，把母乳分成若干小份来存放，在每一小份母乳上贴标签并写上日期，以方便家人或保姆给宝宝合理喂食且不浪费。

将多余的母乳储存起来，不仅让哺乳期妈妈多出些自由安排的时间，在某种程度上还可以延长母乳喂养的时间。

解冻时，将盛母乳的容器放入温水或流水中，然后再放入盛有热水的容器中温热至37℃。

在这里要注意，冷冻母乳不可用微波炉解冻，因为高温会破坏母乳中的免疫成分。另外，应该在解冻后的3小时内饮用完毕，解冻后的母乳不能再次冷冻。

❉妈妈生病了怎么哺乳

只要不是乳房局部感染，引起妈妈患病的病菌很难通过乳汁进入宝宝体内，而妈妈对抗各种疾病产生的抗体却可以通过乳汁进入宝宝体内，从而增加宝宝的抗病能力。

妈妈患以下轻微疾病，可以继续母乳喂养：

感冒、流感： 一般药物对母乳没有影响。母乳中已经制造免疫因子传输给宝宝，即使宝宝感染发病，也比母亲的症状轻。

可以在吃药前哺乳，吃药后半小时以内不喂奶。妈妈要戴着口罩喂奶。

腹泻、呕吐： 一般肠道感染不会影响母乳，注意多饮水。妈妈在哺乳前后要洗手。

❉妈妈患了乳腺炎，更要哺乳

患了乳窦堵塞或者乳腺炎的妈妈，对自己和宝宝所能够做的最好的事情就是继续哺乳，而且应该更加频繁地喂哺，以缓解症状。即便很痛苦，妈妈也不能放弃努力，因为宝宝的吸吮是最有效的治疗方式。除非有特殊情况，不要轻易尝试用药物疏通奶管。

另外，妈妈患病需要服药时，药物及剂量一定要听从医生的建议，有些药物，如环丙沙星类抗生素、抗凝血药物、治疗神经或精神病的药物等，要避免服用，这些药对宝宝的伤害很大。

❉宝宝为什么拒绝吃奶

原本一饿肚子就哭闹的宝宝，突然对"吃饭"提不起兴趣来，这时，妈妈就要仔细观察了。

宝宝真的不饿： 如果宝宝精神饱满，情绪正常，不必担心。这可能是由于前一阵吃奶量过多，导致一时的食欲不振，经过一段时间的休整后，宝宝就会恢复。宝宝不太想吃的时候，父母千万不要生硬喂食，只要宝宝没有病理性问题，少吃一点儿，甚至饿一顿，都没有关系。

宝宝生病了，除了不吃奶，还有烦躁哭闹或者精神萎靡不振，甚至有口唇发绀、黄疸等表现，这时就要及时带宝宝去医院了。宝宝有可能患了鹅口疮、肺炎、败血症等，父母不要掉以轻心。

❉喂养不足或喂养过度的表现

判断宝宝是否喂养不足，最可靠的方法是测量体重。一般4个月以内的宝宝，每周体重增长如果低于200克，就要考虑可能是喂养不足。若出现喂养不

足，针对用配方奶喂养的宝宝，可以尝试更换配方奶的品牌，或选择强化了某种营养成分的配方奶，也可增加配方奶的总量。

如果宝宝在妈妈喂奶之后哭闹，而且频繁出现漾奶现象，那么可能属于喂养过度。妈妈应关注宝宝的体重，如果体重增长过速，或腹胀或哭闹，那么基本上可以肯定是喂养过度所致。此时应减少喂奶量，并控制喂奶的次数。

❋宝宝体重的测量

宝宝体重增长公式为：

0～6个月月龄婴儿体重=出生时体重（千克）+月龄×0.7（千克）

7～12个月月龄婴儿体重=6（千克）+月龄×0.25（千克）

2～12岁体重=年龄×2+8（千克）

用婴儿磅秤测量宝宝体重较为准确。测量前将测量器放平，指针校正到零，然后开始测量。定期测量宝宝体重，记录在生长发育曲线表中，可以绘成宝宝体重增长曲线，与正常宝宝体重增长曲线相比较，便可了解宝宝的体重增长是否正常。

一般来说，3个月时宝宝的体重为出生时的2倍，1岁时的体重为出生时的3倍，2岁时的体重为出生时的4倍。

促进母乳分泌、提高母乳质量的食谱（二）

乌梅生姜红糖汤

【材料】乌梅5颗，生姜5片，红糖10克。

【做法】

将上述材料加清水放入锅内，以大火煮至沸腾后，转小火煮5分钟即可。

胡麻油娃娃菜

【材料】娃娃菜250克。

【调料】胡麻油、高汤、豉油汁、葱丝、姜丝、盐各适量。

【做法】

1.将娃娃菜从根部向叶部纵切成每棵6条（根部相连）。

2.锅上火，加入高汤、清水，加娃娃菜，用盐调味。

3.将娃娃菜煮至刚熟，立即捞出装盘，撒上葱丝、姜丝，倒入豉油汁。

4.锅内倒胡麻油烧至六成热，关火，将油浇在娃娃菜上即成。

小鸡炖蘑菇

【材料】仔鸡1只，榛蘑100克，大葱1根，姜1小块，桂皮1片，香叶5片，八角3颗。

【调料】料酒1汤匙，生抽2汤匙，老抽2汤匙，糖1茶匙。

【做法】

1.榛蘑冲去表面的浮土，放入清水中浸泡15分钟。仔鸡收拾干净，剁成小块。

2.锅中倒入清水，大火煮开后，将仔鸡块放入汆烫2分钟，捞出后冲净，沥干备用。

3.另起锅倒入油加热，待油七成热时放入仔鸡块煸炒几下，放入切成片的大葱和姜，再放入八角、桂皮和香叶，翻炒出香味后烹入料酒，再继续翻炒。

4.调入生抽、老抽和糖，炒匀后倒入开水没过仔鸡块。将浸泡好的榛蘑捞出洗净后，放入锅中搅匀，盖上盖子，用中小火炖煮30分钟。

当归枸杞面线

【材料】面线100克，油豆腐皮50克，当归、枸杞子各15克。

【调料】盐适量。

【做法】

.油豆腐皮洗净，切丝备用。

.锅中加入水，放入油豆腐皮、当归、枸杞子煮至味道出来后再放入面线，续煮2分钟，加盐调味即可。

首乌黄芪乌骨鸡汤

【材料】乌骨鸡肉300克，制首乌20克，黄芪15克，红枣5颗。

【调料】盐适量。

【做法】

1.制首乌、黄芪洗净，用纱布包好。

2.红枣洗净，去核。

3.将乌骨鸡肉洗净，去脂肪，切成小块，入沸水中汆烫，去血水，捞出冲洗干净，沥干。

4.将纱布药包和红枣、乌骨鸡肉一起放入砂锅中，加入适量水，大火煮沸，小火煮2小时，去药包后，加盐调味即可。

第 3 个月
配方奶喂养

母乳不足或无法用母乳哺喂时，可尝试给宝宝吃一些安全配方奶，但是宝宝最好的食物还是母乳。因此，应该首先尝试母乳喂养，母乳不够再用配方奶补充。什么奶都肯吃的宝宝也应该让他先吃母乳，后吃配方奶。即使是吃配方奶的宝宝，开始时也应该尝试与配方奶交替喂母乳。

❋配方奶喂养要点

明确配方奶的品种：适合孩子的配方奶有牛奶、羊奶、豆奶以及氨基酸配方奶，它们分别适用于不同的宝宝。对牛奶过敏而不能食用牛奶配方的宝宝，可选择羊奶配方、豆奶配方以及氨基酸配方。这些特殊配方奶价格较贵，且有不同的适应证，最好在医生指导下选择购买。

选择标准：可从以下两方面加以考虑：一是食后无便秘、无腹泻等症状，体重和身高等指标正常增长，宝宝睡得香，食欲也正常；二是宝宝无口气，眼屎少，无皮疹。每个宝宝对配方奶的适应情况存在个体差异，因此家长的选择也不尽相同。

❋冲调严格按照说明书

给宝宝喂食配方奶要根据配方奶的调配指示来进行，不同品牌的配方奶有着不同的调配比例，要严格按照说明书喂食。

有很多家庭出现过由于在月子里忙乱，没有细心查看配方奶的调配说明，而只把配方奶当成一般的奶粉来喂食，造成宝宝一直吃不饱的状态。

❋冲调配方奶的步骤

取消过毒的奶瓶，先加入适量的温开水，水温宜选择40℃左右。滚烫的开水冲泡配方奶，容易结成凝块，同时还会杀死奶粉中的活性物质，影响营养的摄取。

用奶粉匙取配方奶，加入奶瓶中，注意是平匙，配方奶量不宜凸出或凹进匙口。

盖上奶瓶盖，轻轻摇匀。

将奶瓶倒置，把奶滴到手腕内侧试温度，感觉温度不烫手为宜。

❋舒适的喂食方法

用手托住宝宝颈部，小心将宝宝抱

起，摇篮式将宝宝呈45°角斜抱，在床上坐稳。妈妈用手托住奶瓶瓶身，让奶水充满整个奶嘴和瓶颈后，再放入宝宝嘴里。

喂奶过程中可以让宝宝歇息几次，喂完奶后，用纱布巾将宝宝的嘴巴擦拭干净。

用直立式抱法，将宝宝的下巴靠在妈妈的肩膀上，用空心掌由下往上轻拍宝宝的背部，直到宝宝打出嗝为止。

※ 奶瓶要勤消毒

每次喂奶后，要立即将奶瓶冲洗干净，必要时可以借助刷子。消毒奶瓶用奶锅或不锈钢锅均可以，家用蒸锅内放水烧开，将洗干净的喂奶用具放进去煮5分钟，捞出即可（要选择质量有保障的奶瓶，这样的奶瓶经过水煮不会变形）。

也可以多配几个奶瓶，每天留出固定的时间统一清洗，一起晾干待用。

※ 配方奶喂养的宝宝要喂水

配方奶喂养的宝宝需要在两顿配方奶之间喂一次水。一般情况下，每次给宝宝饮水不应超过100毫升，炎热的季节或宝宝出汗较多时，可适当增加。

牛奶中的蛋白质80%以上是酪蛋白，分子质量大，不易消化，牛奶中的乳糖含量也较人乳少，这些都容易导致宝宝便秘，给宝宝补充水分有利于缓解便秘。而且牛奶中含钙、磷等矿物质成分较高，宝宝的肾脏还没有发育成熟，为了让过多的矿物质和蛋白质的代谢物从肾脏排出体外，也需要有足够的水分。

宝宝满月以后，可以用一些清淡的水果、蔬菜煮成汁水喂给宝宝喝。但不要给宝宝喝一些人工配制的饮料，这些饮料含有的人工添加剂会对宝宝肠道产生刺激，轻则引起宝宝肠胃不适、妨碍消化，重则引起痉挛。

※ 喂哺用具

奶瓶的选择

奶瓶的材质大致可以分为两类：一类是玻璃的，一类是塑料的。

对于新生儿来说，较适合选择玻璃奶瓶。玻璃奶瓶的好处在于透明度高，易清洁，不易刮伤。玻璃奶瓶上标有清楚的刻度，可以经常蒸煮或用微波炉反复消毒、加热，不会产生不利健康的化学物质，使用寿命也相对较长。

由于玻璃材质易碎、较重，更适合1～3个月的宝宝使用。

奶嘴的选择

材质：奶嘴是奶瓶的重要组成部分。从材质上看，奶嘴主要分两种：一种是橡胶奶嘴，一种是硅胶奶嘴。

橡胶奶嘴呈黄色，其柔软度、弹

性、质感更接近母亲的乳头。但橡胶奶嘴会略带些橡胶味且容易变质。硅胶奶嘴呈白色，可反复消毒，不易变质，没有橡胶味，但缺点是容易被咬破。

奶孔： 每种奶嘴的开口不一定都是一样的，有的是圆孔，有的是十字孔，还有的是根据妈妈乳汁流量的原理设计的Y字孔的奶嘴。

圆孔的奶嘴，适合刚刚出生的宝宝，奶能够自动流出，而且流量较少。

十字孔奶嘴，适合3个月以上的宝宝，能够根据宝宝的吸吮能力调节奶流量，流量较大。

Y字孔奶嘴，也适合3个月以上的宝宝，流量比较稳定，但不像十字孔奶嘴那么容易断裂。

但是要注意，长期使用品质差的安抚奶嘴以及不当的吸食姿势，会造成乳牙移位及"奶瓶嘴"（"奶瓶嘴"是指因为长期不良吸吮习惯，导致上唇与下唇的张力松弛，形成上翘的嘴唇）。还可能会引起宝宝下颌骨突出，造成嘴形的改变，形成咬合不正等问题。

✳ 配方奶喂养问题

牛奶过敏

如果宝宝吃奶后出现一阵阵哭闹、呕吐、打喷嚏、腹泻、便中带血、严重腹胀、腹绞痛、半夜哭闹、烦躁不安及贫血等表现，在排除其他原因以后，改喝豆奶或其他免敏奶粉，症状减轻或消失，之后可再次喝牛奶。如果症状再次出现，基本可以确定为牛奶过敏。牛奶过敏的宝宝，在6个月内要避免再吃奶粉或牛奶制品。

牛奶过敏的解决方案

羊奶配方或大豆奶配方： 牛奶过敏的宝宝最好喂母乳，不能母乳喂养的可以改吃羊奶配方或大豆奶配方。

羊奶： 可以解除大部分牛奶过敏症。牛奶中的α-S1酪蛋白和β-乳球蛋白是过敏原。前者在牛奶中占总蛋白的43%，而在羊奶中只占1%～3%；羊奶中β-乳球蛋白的含量比牛奶低，且较牛奶更容易被消化吸收。但是，因为羊奶中缺乏叶酸、维生素C，含铁质也较低，要注意预防营养性贫血。

对牛奶（配方奶）过敏的宝宝，在肠道成熟、肠壁发育完善之后，大约在半岁或1岁以后，可以再次喝牛奶。

氨基酸配方奶： 这是目前最安全，也是最有效的一类奶粉，也称为无敏配方。氨基酸是蛋白质的基本单位，不会引起任何过敏的可能。

深度水解蛋白配方奶： 就是把蛋白质水解成短肽链来降低蛋白质的致敏性，这类奶粉可以缓解一些症状较轻的宝宝的过敏症状，但是对于一些症状较为复杂、严重的宝宝，或者对多种食物过敏的宝宝，对深度水解蛋白不耐受的比例和风险显著上升。

乳糖不耐受

乳类食品中的乳糖进入小肠后，由于宝宝乳糖酶含量不足或活性降低，乳糖不能被分解成葡萄糖和半乳糖被吸收，所以会消化不良。

当未分解吸收的乳糖进入结肠后，被肠道内存在的细菌发酵成为小分子的有机酸，如醋酸、丙酸、丁酸等，并产生一些气体，如甲烷、H_2等，这些产物大部分可被结肠重新吸收。

而未被吸收或仍未被分解的乳糖可引起肠鸣、腹胀、腹痛、排气、腹泻等症状。严重的乳糖不耐受大多于摄入一定量乳糖后30分钟至数小时内发生。

乳糖不耐受，还可造成免疫力低下，引发反复感染。

乳糖不耐受解决方案

对于宝宝来说，秋季多发性腹泻、细菌性腹泻会引起肠胃功能暂时低下，乳糖酶分泌减少或活性降低，在这种情形下仍持续喂食奶粉，就会引起继发性的乳糖不耐受。解决方案有以下两种：

一是暂时更换奶粉：换成不含乳糖的婴儿配方奶，在宝宝肠道症状恢复正常后，再逐渐替换为含乳糖的婴儿配方奶。

二是观察其反应：宝宝的消化能力会有所不同，有的可以消化少量乳糖，有的却会对含有一丁点儿乳糖的奶粉产生不适反应。经过一段时间的尝试与观察，就能判断宝宝所能承受的乳糖量了。

❋ 怎么更换配方奶

配方奶是0~3个月的人工喂养宝宝的唯一主食，家长更换配方奶时应当谨慎。由于不同婴儿的体质各异，所以家长擅自更换配方奶会造成婴儿产生消化

不良、哭闹等症状，更严重者会造成宝宝便秘、腹泻、长皮疹，甚至拒绝食用配方奶。

在换配方奶的初期，必须两种配方奶混合吃，无论是由一种牌子换到另一种牌子，或是由一个阶段换到另一个阶段，即使牌子相同，这个过程也是必不可少的。这称作转奶。

具体步骤如下：先在原来的配方奶里添加1/3的新配方奶，两三天后没什么不适，再把两种配方奶各一半混起来吃两三天，逐渐减少之前一直食用的配方奶的量，直至过渡到完全用新的配方奶。

✳补充维生素D滴剂

关于鱼肝油

鱼肝油是一种维生素类药物，主要含有维生素A和维生素D。维生素D直接参与体内钙、磷的代谢。新生儿体内的钙要想被充分吸收和利用，就必须有维生素D的参与。而母乳和代乳品中维生素D的含量比较低，所以新生儿无论是母乳喂养还是人工喂养，一般情况下，从出生后15天起，就应该开始补充鱼肝油，以预防宝宝佝偻病的发生。鱼肝油中的维生素A，可促进视觉细胞内感光色素的形成，调适眼睛适应外界光线强弱的能力，以降低夜盲症和视力减退的发生，维持正常的视觉反应。

医生推荐婴儿服用的鱼肝油为伊可新，在一般的药店都能买到。

如何补充伊可新

伊可新属维生素类非处方药。用于预防和治疗维生素A及维生素D的缺乏症。伊可新有两种，分别适合1岁以内和1岁以上的宝宝。服用伊可新开始是两天1粒，满月以后，随着宝宝的长大可以每天1粒。但是，如果能够保证宝宝有充足的日晒，就可以适当延长服用伊可新的间隔。妈妈要掌握好用量，每天摄入400国际单位的维生素D是安全的，基本不会造成维生素D中毒。由于过量服用鱼肝油会给宝宝的身体带来危害，因此最好在医生指导下科学服用。

超过1岁的宝宝，要换1岁以上宝宝服用的伊可新，一直补到2岁。如果宝宝在冬季满2岁，可适当延长些时间。

促进母乳分泌、提高母乳质量的食谱（三）

海带鲫鱼汤

【材料】鲫鱼1条，海带100克，姜丝10克。

【调料】盐少许。

【做法】

1.鲫鱼收拾干净；海带洗净，切丝。

2.鲫鱼用少许油煎至两面微黄，放入锅中加适量水，放入海带丝，大火煮10分钟至鱼熟即可。

猪蹄炖丝瓜豆腐

【材料】猪蹄1只，丝瓜250克，香菇30克，豆腐100克，姜丝10克。

【调料】盐、料酒各适量。

【做法】

1.猪蹄刮洗干净，切块；丝瓜去皮洗净，切块；豆腐切小块；香菇发好，切小块。

2.猪蹄氽烫去血水，洗净，放入砂锅，加入适量水，放入姜丝、料酒大火煮沸，再用小火煮50分钟。

3.猪蹄软烂后放入香菇块、豆腐块煮10分钟，最后放入丝瓜块大火煮5分钟，加盐即可。

山药炖猪蹄

【材料】山药100克，猪蹄2只，花生仁30克。

【调料】盐少许。

【做法】

1.将山药洗净，去皮切块。

2.猪蹄洗净，切块，入沸水中汆烫一下，捞出。

3.将山药、猪蹄、花生仁放入砂锅中，加适量水，中火炖至猪蹄烂熟，加盐调味即成。

栗子炖鸡

【材料】童子鸡1只，鲜栗子200克，猪肉、火腿各50克，鲜香菇5朵，姜片、葱段各10克。

【调料】盐、黄酒各适量。

【做法】

1.将童子鸡收拾干净，入沸水中汆烫3分钟取出冲净备用；猪肉、火腿均切粒，放入沸水锅内汆烫约半分钟，捞出备用。

2.将鲜栗子煮熟，去壳和衣膜；鲜香菇洗净，去蒂备用。

3.取炖盅1个，按顺序放入火腿粒、香菇、童子鸡、猪肉粒、葱段、姜片、盐、黄酒和水，入蒸笼用中火炖约90分钟至软烂后取出，去掉姜片、葱段，撇去浮沫即成。

豆腐黑鱼汤

【材料】黑鱼1条，豆腐100克，葱段、姜片各10克，葱花1茶匙。

【调料】料酒1汤匙，米醋1茶匙，盐、白胡椒粉各少许。

【做法】

1.黑鱼收拾干净切块；豆腐切成小块，汆烫后捞出沥水。

2.炒锅中，倒油烧热，放入姜片、葱段爆香，下入黑鱼块，煎至两面微黄，倒入料酒，加沸水和米醋，大火煮开，继续保持中火煮约10分钟。

3.下入豆腐块，再继续煮约10分钟，最后去掉葱段、姜片，加盐和白胡椒粉调味，撒入葱花即可出锅。

枸杞山药牛肉汤

【材料】牛腩200克，山药50克，胡萝卜100克，枸杞子10粒，红枣6颗，香叶2片，葱段、姜片、香菜末各适量。

【调料】料酒1汤匙，盐、胡椒粉各适量。

【做法】

1.牛腩切大块，汆烫后捞出，洗净备用；胡萝卜、山药去皮，切块；枸杞子洗净。

2.砂锅中放入牛腩块、姜片、葱段、香叶、红枣、料酒和水，中火烧开后，转小火煲30分钟。

3.拣去葱段、姜片、香叶，放入山药块、胡萝卜块和枸杞子，中火煲20分钟；最后加入盐和胡椒粉调味，出锅前撒入香菜末即可。

黄芪红枣羊肉汤

【材料】羊肉250克，红枣10颗，黄芪10克。

【调料】盐适量。

【做法】

1.羊肉洗净，切块；红枣洗净，去核；黄芪洗净。

2.锅中加适量水，放入羊肉氽烫后盛出备用。

3.另取一锅，加入适量水，放入黄芪、红枣、羊肉块，大火煮沸再改小火煮1小时，下盐调味即可。

山药羊肉汤

【材料】羊肉300克，山药100克，胡萝卜1根，枸杞子1茶匙。

【调料】盐适量。

【做法】

1.羊肉切块；山药、胡萝卜洗净，去皮，切块；枸杞子用水泡软。

2.把羊肉块放入水中，氽烫2~3分钟，捞出冲洗干净，沥干。

3.把羊肉块放入锅中，加水烧开后，转小火煮30分钟，放入山药块、枸杞子、胡萝卜块继续煮20分钟，出锅前，加盐调味即可。

宝宝怎么吃每日一读

第2章 4个月
根据宝宝发育状况，开始添加辅食

4个月的宝宝

　　这个时期的宝宝，头围和胸围大致相等，比出生时长高10厘米以上，体重为出生时的2倍左右。消化器官及消化功能逐渐完善，而且活动量增加，消耗的热量也增多，喂养此时的宝宝要比4个月前的宝宝复杂。

第 4 个月

4个月宝宝喂养要点

4个月宝宝的体内，铁、钙、叶酸和维生素等营养元素会相对缺乏，有些代乳品已经不能完全满足其生长需要，因此需要添加辅食了。此阶段，继续提倡纯母乳喂养，但对人工喂养具有辅食添加指征的宝宝，应当适当增加淀粉类食物和富含铁、钙的食物。

4个月宝宝喂养指导

这个阶段宝宝的主食仍应以母乳和配方奶为主，还需要积极给宝宝增加辅食，以保持营养的摄入量。

母乳喂养： 一般每天喂6次，每次不超过150毫升，两次喂奶之间的时间间隔保持在2.5~3个小时。夜间喂奶比白天间隔长一些，有意识把间隔时间拉长，慢慢养成宝宝夜间不吃奶的习惯。

人工喂养： 配方奶量每天1000毫升左右，4小时一次，但这个月的宝宝活动量大，消耗的热量多，可以从其他代乳品的糖分中来弥补。

添加辅食： 宝宝的肠胃适应能力已逐渐增强，神经系统及肌肉控制等发育已较为成熟；舌头的排外反应消失，有正常的吞咽动作；唾液腺已发育良好，唾液分泌增加，唾液淀粉酶的活性增强，这时宝宝已经能很好地消化淀粉类食物。

无论是母乳喂养、混合喂养还是人工喂养的婴儿，都应添加必要的辅助食品。

如何添加辅食

宝宝的辅食以流食、半流食为宜，制作时应保持清洁与卫生，最开始时加工得越细越小越好，随着宝宝不断地适应和身体发育，逐渐变粗变大，如果开始做得过粗，会使宝宝不易适应并产生抗拒心理。

辅助食品可由稀到稠，由少到多，由细到粗，由一种到多种，并且要根据婴儿的消化情况而定。

每添加一种辅食，第1天喂1勺或2勺，然后逐渐加量至半碗。需要7天的适应观察期，等到宝宝完全习惯之后，再添加下一种食物。添加辅食后，要注意观察宝宝的大便情况，如有异常要暂缓添加。当宝宝生病或天气炎热时，也应暂缓添加辅食。

宝宝在从喝奶转而吃辅食的过程中，不少父母都有宝宝不肯吃辅食的困扰，给妈妈几个建议：

不要强迫宝宝。

改变烹饪方式。

为宝宝准备一套专属的儿童餐具，吸引宝宝的注意力。

宝宝辅食添加，切莫操之过急

宝宝4个月了，很多妈妈准备给宝宝添加辅食了。添加之前，妈妈首先要知道的是，宝宝体内能够消化淀粉的淀粉酶要到宝宝4～6个月时才能成熟，过早添加不仅起不到补充营养的作用，而且还有可能增加婴儿肠道的负担。

其实，当宝宝准备好接受辅食的时候，聪明的小家伙会给妈妈发出一些信号。如果妈妈发现宝宝有了下面的表现，就表明单纯的乳类食物已经不能满足宝宝生长发育的需求了，此时再开始添加也不晚。

如果母乳喂养的宝宝每天需要喂8～10次，或配方奶喂养的宝宝每天总奶量达1000毫升，宝宝看上去仍显饥饿。

足月儿体重达到出生时的2倍以上（或大约6.8千克）。低出生体重儿体重达到6千克时，给予足够乳量后体重增加仍然变缓。

宝宝头部已经有一定的控制能力，在外力的帮助下可以靠坐。

开始对成人的饭感兴趣，例如看到妈妈吃东西就有尝试的欲望，并喜欢将物品放到嘴里，出现咀嚼动作。

用勺喂食物的时候，会主动张嘴，能用舌头将泥糊状食物往嘴巴里面送，并咽下去，不会被呛到。

除了观察宝宝是否可以开始接受辅食的信号外，妈妈也要对宝宝的身体状况进行评估，包括宝宝的胃肠和肾脏对母乳或配方奶消化吸收的情况；宝宝是否有便秘或腹泻；是否有过敏反应；是否有明显的胃食道反流；神经是否成熟；吞咽能力是否健全以及排尿是否正常等。

✳ 辅食添加的注意事项

兴趣培养为主： 要从宝宝易吸收、易接受的辅食开始添加，一种一种添加。

尊重宝宝口味： 宝宝有权利选择食物口味，即便宝宝不吃某种食物，也只是暂时的，要尊重宝宝的个性，尊重宝宝口味的选择，不要强求。

患病时停止添加： 添加辅食要在宝宝身体健康、心情愉悦时进行，宝宝患病时，不要尝试新的口味。

有不良反应时暂停： 如果宝宝出现了腹泻、呕吐、厌食等情况，应暂停辅食添加，待宝宝消化功能恢复，再重新开始。

灵活掌握供需： 辅食添加不要照搬书本，宝宝的实际需求和接受情况比其他人传授的经验更加重要，要根据自己宝宝的具体情况灵活掌握，及时调整辅食的数量和品种。

第92天 宝宝第一口辅食：婴儿配方米粉

宝宝在4～6个月时就可以尝试添加辅食，具体从什么时候开始，可以通过观察宝宝对大人吃饭是否感兴趣判断：如果爸爸妈妈吃饭时，宝宝专注地看着，且出现吞咽、流口水等现象，这个时候家长可以尝试开始给宝宝添加辅食。

❋ 首次添加辅食的最佳选择是营养均衡的婴儿配方米粉

婴儿配方米粉，也称婴儿营养米粉，它并非单纯地将大米研磨成粉，而是和配方奶粉一样，是根据宝宝生长发育所需要的营养物质而人工特别调配的。因此可以说，婴儿配方米粉属于混合食物，在大米的基础上还添加了其他营养素，包括脂肪、蛋白质、维生素、纤维素、微量元素等，并特别强化了铁。有些品牌的营养米粉还添加了DHA、益生元或益生菌，能够同时满足宝宝对多种营养素的需求。

婴儿营养米粉不仅营养成分更加全面，降低了宝宝过敏的发生概率，还有容易消化吸收的优点，通常不会导致宝宝出现腹泻、便秘等肠胃不适的情况。并且，婴儿配方米粉在调配时也十分方便，很容易调成均匀、细腻的糊状，稀稠程度和喂食量也容易掌握。除此之外，米粉的味道很接近配方奶粉及母乳，容易被宝宝接受。因此，婴儿配方米粉便成为宝宝第一口辅食的最佳选择。

❋ 选择合适的时间

给宝宝添加辅食的初期应按1天2次的频率进行，每天上午、下午各一次，在喂奶前添加。此时宝宝处于饥饿状态，对辅食接受度较高，喂食辅食后给宝宝喂奶至宝宝吃饱。

❋ 米粥不能替代米粉

家庭自制米粥是一种不错的辅食，但不能代替婴儿米粉，尤其是添加辅食的早期，应选用婴儿米粉，不用米粥；后期也应以婴儿米粉为主，仅辅以少量米粥。这是因为婴儿米粉是一种营养丰富的配方食品，在大米的基础上，还可根据婴儿需要，添加铁、锌、钙、维生素A、维生素D、维生素C、B族维生素等多种营养素，是这个年龄段发育所必需的。婴儿米粉的营养价值远远超过鸡蛋黄及蔬菜泥等营养相对单一的食物，更能满足宝宝的生长需求。

第 93 天
给宝宝添加辅食的好处

✤ 满足宝宝生长所需的营养素

母乳是宝宝最佳的天然食品，4个月前的宝宝，单吃母乳或配方奶完全能满足他们的营养需求，然而，4个月以后，宝宝对各种营养的需求大大增多，单纯的母乳或配方奶，难以满足宝宝生长发育所需的热量和营养素了，此时就必须通过添加各种辅食来获得。

✤ 锻炼咀嚼能力，为断奶做准备

辅食一般为半流质或固态食物，宝宝在吃的过程中能锻炼咀嚼、吞咽能力。宝宝的饮食逐渐从单一的奶类过渡到多样化的饮食，可为断奶做好准备。

✤ 有利于宝宝的语言发展

宝宝在咀嚼、吞咽辅食的同时，还能充分锻炼口周、舌部小肌肉。宝宝有足够的力量自如运用口周肌肉和舌头，对其今后准确地模仿发音、发展语言能力有着重要意义。

✤ 帮助宝宝形成良好的生活习惯

从4个月起，宝宝逐渐形成饮食、睡眠等各种生活习惯。因此，这一阶段及时科学地添加辅食，有利于宝宝建立良好的生活习惯，使宝宝一生受益。

✤ 激发宝宝的智力

研究表明，利用宝宝眼、耳、鼻、舌、身的视、听、嗅、味、触等感觉，给予宝宝多种刺激，以丰富宝宝的体验。添加辅食，恰恰可以调动宝宝的多种感觉器官，达到启智的目的。

青菜泥

【材料】青菜80克。

【调料】盐1克。

【做法】

1.将青菜洗净去茎，菜叶撕碎后放入沸水中煮，水沸后捞起菜叶，放在干净的钢丝筛上，将其捣碎，用勺子压挤，滤出菜泥。

2.锅内放少许油，烧热后将菜泥放入锅内略炒一炒，加入盐拌匀即可。

宝宝吃多少，食欲说了算

现在很多妈妈喜欢记录宝宝的食量，添加辅食后，更有些妈妈冲米粉时会用精确到克。这样细致的做法初衷是可以理解的，但如此精确的记录难免会让妈妈过分关注宝宝的进食情况——如果宝宝将妈妈准备的辅食都吃光了，妈妈会十分开心；相反，宝宝没有吃完或吃了几口就不吃了，妈妈便会感到沮丧，同时会担心宝宝营养不够，给自己增加心理压力。进餐对于宝宝来说也变成了一种任务，而非享受，反而会影响食欲。

其实，宝宝每次的进食量并不十分重要。这时的宝宝在吃辅食时大多并不是为了果腹和摄入更多的营养，而是积累吃饭的经验和培养进食规律。跟大人一样，宝宝的进食量也不会每天、每顿都一样，这顿吃得多些，下顿就难免吃得少些；今天吃得多，明天可能吃得少，这都是十分正常的，并不能以此判定宝宝就是生病或肠胃不好，宝宝吃饭更多的是顺应自己的喜好和食欲，妈妈无须过分在意。

✳叶酸：宝宝智力的助长剂

宝宝的大动作、精细动作在不断增强，语言发育和感情交流得到了大大提升，这表明智力发育正常。智力的发育离不开叶酸的帮助，因为叶酸有促进大脑发育的作用，同时对神经系统也有修复作用。哺乳期妈妈对叶酸的日需求量为500微克，1～6个月的宝宝日需求量为25微克。所以，哺乳妈妈应多补充叶酸。

凡是含维生素C的食物，如新鲜蔬菜和水果都含叶酸，如莴笋、菠菜、西红柿、柠檬、葡萄、猕猴桃、梨等。谷物中大麦、米糠、小麦胚芽、糙米等都含有丰富的叶酸。

南瓜泥

【材料】南瓜20克，米汤20毫升。

【做法】

1.将南瓜削皮，去子。

2.南瓜蒸熟后捣碎。

3.将南瓜和米汤放入锅中，用文火煮10分钟即可。

第95天

辅食添加的4大原则

❀辅食品种从单一到多样

一次只添加一种新食物，7天后再添加另一种。万一宝宝有过敏反应，妈妈便可以知道是由哪种食物引起的。

❀辅食质地由稀到稠

开始时要给宝宝选择质地细腻的辅食，有利于宝宝学会吞咽的动作，随着时间推移，逐渐增加辅食的黏稠度，从而适应宝宝胃肠道的发育。

❀辅食添加量由少到多

开始时只喂宝宝进食少量的新食物，分量为1小汤匙左右，待宝宝习惯了新食物后，再慢慢增加分量。随着宝宝不断长大，需要的食物也会相对增多。

❀辅食制作由细到粗

开始添加辅食时，为了防止宝宝发生吞咽或其他问题，应选择颗粒细腻的辅食，随着宝宝咀嚼能力的完善，逐渐增大辅食的颗粒。

胡萝卜苹果泥

【材料】胡萝卜半根，苹果半个。

【做法】

1.将胡萝卜和苹果分别洗净，去皮、切片，隔水蒸15~20分钟。

2.将胡萝卜片和苹果片放在研磨碗中捣烂成泥即可。

第96天
添加辅食不宜过早或过晚

有些妈妈认识到辅食的重要性，便认为越早添加辅食越好，可防止宝宝营养缺失，于是宝宝刚刚两三个月就开始添加辅食。殊不知，过早添加辅食，会增加宝宝消化系统的负担。因为婴儿的消化器官很娇嫩，消化腺不发达，分泌功能差，许多消化酶未形成，不具备消化辅食的功能。消化不了的辅食会滞留在腹中，造成宝宝腹胀、便秘、厌食，也可能因为肠蠕动增加，使大便量和次数增加，从而导致腹泻。因此，4个月以内的宝宝不宜添加辅食。

相反，过晚添加辅食，也不利于宝宝的生长发育。4～6个月的宝宝对营养、能量的需求大大增加了，光吃母乳或配方奶已不能满足生长发育的需要。而且，宝宝的消化器官逐渐健全，味觉器官也发育了，已具备添加辅食的条件。同时，4个月后，是宝宝的咀嚼、吞咽功能以及味觉发育的关键时期，延迟添加辅食，会使宝宝的咀嚼功能发育迟缓或咀嚼功能低下。另外，此时宝宝从母体中获得的免疫力已基本消失殆尽，而自身的抵抗力正需要通过增加营养来产生，若不及时添加辅食，宝宝不仅生长发育会受到影响，还会因缺乏抵抗力而导致疾病。

牛奶香蕉糊

【材料】香蕉20克，牛奶30毫升，玉米面5克。

【做法】

1.将香蕉去皮后捣碎。

2.玉米面、牛奶放入小锅内搅匀，锅置火上，加热煮沸后改文火并不断搅拌，以防煳锅底和外溢。待玉米糊煮熟后，放入捣碎的香蕉调匀即成。

早产宝宝是指单胎不满37周、双胞胎或多胞胎不满36周时出生的宝宝。在考虑给早产儿添加辅食时，同样需要观察宝宝的反应，添加辅食的时机一定要与宝宝的接受度相契合。月龄、喂养方式、出牙情况等都不能作为添加的信号。当宝宝对大人吃饭产生关注，例如眼神直视大人吃饭及饭桌、饭菜，出现吞咽动作、流口水等情况；同时宝宝每天摄入的奶量没有减少，但近期出现体重增长缓慢的情况；且宝宝的肠胃及肾脏情况良好，对母乳或配方奶的消化能力很强，无便秘、腹泻症状，排尿排便均规律时，便可考虑添加辅食。第一口辅食以婴儿配方米粉为最佳选择，添加时要遵循由稀到稠、由少到多的规律，连续、独立地吃上3天、期间不添加任何新食物，观察宝宝有没有过敏、腹泻、便秘等不适情况发生后可以继续添加。

✽不要过早添加辅食

过早添加辅食对宝宝有百害而无一利，对于宝宝来说，母乳中的营养是任何辅食都无法替代的，所以6个月以内的早产宝宝，提倡母乳喂养，人工喂养的宝宝可以稍早些添加辅食。

在评价早产宝宝的生长发育情况及养育过程中，需要给早产宝宝矫正月龄，但接种疫苗时除外。矫正月龄的公式如下：矫正后的月龄=出生后实际月龄－[（40周－出生时孕周）]/4。

例如，孕32周出生的宝宝在出生后6个月时，相当于矫正后月龄为4个月。

过早添加辅食会引起宝宝营养素的缺乏。因为宝宝太小，对辅食的消化吸收能力较弱，如果进食大量米糊、蛋黄等辅食，就会减少宝宝的吸乳量，导致宝宝无法从母乳中摄取必要的营养，容易缺铁，引起缺铁性贫血。

第**99**天
添加辅食时可能遇到的问题

妈妈在给宝宝添加辅食初期，要遵循"少量、简单"的原则，由少到多、由稀到稠、由单一到复杂、一样一样逐步添加。当宝宝出现不适时，妈妈可以及时判断是哪种食物造成了宝宝出现问题，以便及时排除状况，避免宝宝的症状加重。

❋发红、皮疹、湿疹

当食物粘到宝宝口周皮肤时，可能出现发红、皮疹等情况，严重时全身皮肤都会有反应，这很可能是宝宝对某种食物过敏所致，一旦发生，妈妈要立即停止给宝宝食用这种食物，并避免6个月内再次接触。在给宝宝喂果泥时也可能引起口周皮肤发红，这可能是因为果酸刺激所致，仅接触到的皮肤会有反应，需要跟过敏区分开。果酸刺激时口腔黏膜及咽部不会红肿，与过敏不同。

❋排便间隔变长或便秘

给宝宝添加辅食后，出现排便间隔变长、排便次数减少、每次排便量增多的情况是正常的，与食物的添加有关。但出现间隔时间过长、排便费力、便秘等情况时，可以暂停辅食几天。长期、严重腹泻可导致宝宝乳糖不耐受，妈妈应带宝宝就医。

这个月龄的宝宝处于辅食添加初期，处于食物尝试阶段，这时宝宝出现或怀疑由辅食导致的不适问题都应该引起妈妈注意，稳妥起见可以暂停添加。

❋口味的变化

有一个让爸爸妈妈感到不解的现象是：前一段时间宝宝还很喜欢吃的食物，最近突然开始抵触起来，这是因为宝宝的味觉发育是呈阶梯状的。也就是说妈妈除了要考虑宝宝辅食的种类以外，还应注意食物味道的变化。所以，当过了一段时间发现宝宝原本喜欢吃的食物变得不喜欢吃了，也许不是因为食物种类引起的，可能与食物的味道有关，这就需要爸爸妈妈用心去发现，及时调整。

开始添加辅食时的注意事项

❀初次喂宝宝辅食需要有耐心

第一次喂固体食物时，有些宝宝可能会将食物吐出来，这是因为他还不熟悉食物的味道，并不表示他不喜欢。当宝宝学习吃东西时，妈妈可能需要连续喂宝宝好几天，才能让宝宝习惯新口味。

到目前为止只会吸吮的宝宝，为了吸吮乳头，舌头只会前后运动，这时可以让他练习闭起嘴巴，咕噜一声吞咽。闭起双唇的动作，也关系到宝宝咀嚼能力的发展，意义重大。为了方便宝宝吞咽，喂食时可将食物放在舌头正中央再稍微里面一点儿的位置。刚开始宝宝吞咽不顺，常会发生溢出或吐出的情形，只要用汤匙接住流出的食物，再放入宝宝口中就行了。刚开始无法顺利吞咽是很自然的事，妈妈如果感到焦虑，宝宝也会跟着紧张，所以要放轻松，有耐心地慢慢喂。

❀给宝宝创造愉快的进食气氛

最好在宝宝心情舒畅的时候添加新食物，紧张的气氛会破坏宝宝的食欲及进食的兴趣。

浓米汤

【材料】粳米50克。

【做法】

1.将粳米淘洗干净，放入锅内。

2.锅中加300毫升水，盖上锅盖，大火烧开，转小火煮20~30分钟，制成烂粥。

3.将粥上面浮着的一层米汤盛入容器即可。

第 101 天
添加辅食的正确方法

❀ 奶水充足时，宝宝不愿吃辅食不必勉强

添加辅食困难的婴儿并不少见，有的宝宝除了母乳什么也不吃。原因可能是因为妈妈奶水充足，宝宝根本吃不进其他食物。遇到这种情况，只需要适当给宝宝添加少量含铁丰富的辅食就可以了，不必强求宝宝吃太多。

❀ 每个宝宝都是不同的

妈妈总希望宝宝多吃点儿，免不了会和别人家的宝宝比较，如果自己的宝宝没别的宝宝吃得多，就担心会不会因为吃得少而落后于其他宝宝。其实，这样的比较没有意义。宝宝之间存在个体差异，有的食量大，有的食量小，只要各项发育指标都正常就不必太在意。

❀ 不能贸然断奶

有的宝宝对于辅食一点儿兴趣都没有，妈妈担心宝宝会因此营养不良，于是采取不给宝宝吃母乳或干脆断奶的方法，强迫宝宝吃辅食。这样做，对宝宝的身心发展都是很不利的。宝宝接受辅食只是时间问题，妈妈不要因宝宝一时拒绝吃辅食而过于烦恼。即使由于某种原因添加辅食推迟了，宝宝也不见得就会营养不良。

❀ 做好宝宝的口腔护理

当宝宝出牙后，妈妈就需要帮宝宝护理口腔了。需要明确的是，只要出牙了就有患蛀牙的风险，所以妈妈一定不要放松对宝宝口腔的护理。对于出牙较早的宝宝来说，4～5个月时乳牙便已经露出一个小头儿，这时候就需要护理了。

每次宝宝吃完奶或辅食之后，妈妈可以给宝宝喂几口白开水清洁口腔。因为宝宝不能像大人一样漱口，喂几口白开水可以起到清洁口腔的作用。帮助宝宝去掉嘴里残留的食物，降低患蛀牙的风险。每天晚上，妈妈可以在自己的手指上缠上湿的软布或纱布来轻轻擦拭宝宝的牙齿及牙龈，等宝宝再大一些时，可以选择质地较软的硅胶指套作为清洁牙齿的工具。这时宝宝的小牙可能刚刚露出一个小尖儿，且宝宝正在遭受出牙期不适的困扰，所以妈妈的动作一定要轻。宝宝刚开始会比较抗拒，身体扭动、四肢挣扎、咬妈妈的手指，妈妈要保持耐心，不要强迫，也不要责备，否则宝宝可能会产生抵触心理，更强烈地反抗，坚持一段时间后，宝宝自然就习惯了。

第 102 ~ 103 天
及时给宝宝补充铁质

铁质是制造血红蛋白的材料，婴儿如果缺铁，可能会引发缺铁性贫血。婴儿在胎儿期从母体中摄取较多的铁质，出生后一段时间内因体内储存着铁质，无须添加含铁食物，但5~6个月的婴儿，体内储存的铁质逐渐用完，因此4个月时，应提前开始补充铁质。

富含铁质的动物性食品有鸡肝、猪肝、鱼、瘦肉、蛋黄等；富含铁质的植物性食品有绿叶蔬菜等。蛋黄容易被消化和吸收，是婴儿理想的补铁食物。最好在宝宝4个月时开始添加蛋黄。

刚开始喂食1/4个蛋黄，大多数宝宝会因此腹泻。如果宝宝腹泻了，就停喂一周，同时还要随时跟进观察宝宝的大便情况，大便正常以后继续添加，逐渐增加喂食量。一般一两个月以后就能够每天吃一个蛋黄了。

蛋黄粥

【材料】粳米50克，熟蛋黄半个。

【做法】

1.将粳米淘洗干净倒入锅里，加水，大火烧开，转小火慢煮25~30分钟，煮至粥烂。

2.将熟蛋黄研碎加入粥里，继续熬煮，再次煮开后熄火。

米汤蛋黄浆

【材料】米汤100毫升，鸡蛋1个。

【做法】

1.将鸡蛋煮熟，取半个蛋黄，用汤匙碾碎。

2.将碎蛋黄放进米汤搅拌均匀即可。

第 104 ～ 105 天
不要过早添加果汁

这个阶段，很多妈妈开始纠结在给宝宝吃奶以外是否应该多加点儿什么，很多妈妈尝试着给孩子吃鲜榨果汁。其实，果汁不是不可以喝，而是不建议喝。

妈妈给宝宝添加果汁的目的无非是想给宝宝补充水分和维生素C，但是，我们都知道，水分不是只有果汁中才有，不管是母乳还是配方奶都可以给宝宝提供足够的水分，维生素C也可以从乳汁或是配方奶中获得的，因此，从这个角度来看，给宝宝添加果汁的确没有必要。

此外，宝宝的消化功能在这个时间并没有建立完善，不能预知宝宝在喝了果汁后胃肠会出现什么样的反应。并且，纯鲜榨果汁的浓度和渗透压与母乳和配方奶粉不同，这样不利于宝宝的水分调节。

过早饮用果汁，宝宝可能会过早适应了有味道的食物，而不愿意吃味道比较淡的其他食物了。1岁内，最好选择味道不太甜、不太酸的水果，以免干扰奶的摄入。

胡萝卜蜜枣水

【材料】胡萝卜半根，蜜枣2颗。
【做法】
1.胡萝卜去皮，洗净切片；蜜枣洗净去核。
2.锅中加适量水，大火烧开，放入蜜枣、胡萝卜片，加盖继续煮，煮沸转小火慢炖30分钟后用滤网去渣即可。

如何判断辅食添加的效果

添加辅食的目的既是为了补充宝宝不能从母乳或配方奶中获得的营养物质，满足生长发育的需求，也是为了培养宝宝"吃饭"的意识，使宝宝的饮食习惯与饮食结构与其生活的家庭环境越来越贴近，这个过程大约需要2年的时间。

宝宝的身高、体重、头围等生长发育指标是看得见的，也是衡量宝宝发育情况的最直接标准。但是，如何看待这些指标背后的意义，需要妈妈正确解读。妈妈应该以生长曲线的方式连续观察宝宝的生长发育情况，而不是以某一时刻的数值、每顿饭吃了多少、每天拉了几次大便、别的宝宝吃多少等因素来机械地评判宝宝的成长状况。

每一个宝宝都是独特的，都有自己生长发育的特点。辅食不光是让宝宝"吃饱"，也是要让宝宝"吃好"。没有所谓的宝宝通用食谱，妈妈要按照自己宝宝的特点和喜好来安排宝宝的辅食。辅食的喂养方式要根据观察宝宝生长曲线的结果做出适度调整，生长曲线正常就说明辅食喂养方式是合适的；反之，生长曲线出现异常时妈妈就要反思辅食喂养是否得当并做出调整。

鲜玉米糊

【材料】新鲜玉米棒半个。

【做法】

1.将新鲜玉米棒剥皮、去须、洗净，用刀将玉米粒切下来，置于榨汁机中，加水榨汁。

2.用滤网将玉米糊过滤取汁，将鲜玉米汁倒入锅中，中火煮开，转小火煮10分钟左右至黏稠状即可。

辅食应少糖、无盐

给1周岁以内的宝宝制作辅食应少糖、无盐，不加调味品。

"少糖"即在给宝宝制作食物时尽量不加糖，保持食物原有的口味，让宝宝品尝到各种食物的天然味道，同时少选糖果、糕点等含糖量高的食物作为辅食。如果宝宝从添加辅食开始就较少吃到过甜的食物，就会自然而然地适应少糖饮食。

"无盐"即1岁以内宝宝的饮食中最好不加盐。因为1岁内的婴儿肾脏功能还不完善，浓缩、稀释功能较差，不能排出体内过量的钠盐，摄入过多盐，将增加肾脏的负担，不利健康。

婴儿味觉比成人迟钝，对味道要求不高，因此辅食中（特别是肉泥、鱼泥等食物）不加盐，宝宝也很容易接受。妈妈不用要用自己味觉决定婴儿食物的味道。如果让1岁以内的宝宝养成了吃盐的习惯，就很难再给无盐食物。这个习惯不仅关系到宝宝的健康，对成年后的饮食习惯影响也很大。

土豆苹果糊

【材料】土豆半个，苹果半个。

【做法】

1. 土豆洗净，去皮，蒸熟后捣成土豆泥。

2. 苹果洗净，去皮，在研磨碗里磨成苹果泥。

3. 将苹果泥、土豆泥置于容器中搅拌均匀即可。

第 **108** 天

本月添加食材种类不要超过4种

第一次添加给宝宝添加某种辅食时注意循序渐进，该辅食1～2勺（每勺3毫升～5毫升），每天添加一次即可，宝宝消化吸收得好再逐渐加到2～3勺。观察7天，没有过敏反应，如呕吐、腹泻、皮疹等，再添加第二种。按照这样的速度，在本月也就能添加4种食材。这个进度对于初尝味道的宝宝来说已经足够，妈妈无须着急，现阶段还是要以奶为主。

如果宝宝有过敏反应或消化吸收不好，应该立即停止添加该食物，等一周以后再试着添加。如果同样的问题再次出现了，应考虑孩子对此食物不耐受，需至少停止6个月，以免造成严重影响。

妈妈还要注意根据宝宝大便的次数和性状，了解食物消化和吸收程度。

白菜叶汁

【材料】新鲜白菜200克。

【做法】

1.将白菜浸泡、洗净，取用白菜的叶子部分，放入开水中氽烫2~3分钟后捞出。

2.换新水大火烧开，加入氽烫好的白菜叶子，转小火煮5分钟，将汤汁过滤后饮食。

第 **109** 天
每天添加辅食的时间与地点要固定

刚开始时，最好在上午喂宝宝断奶食品。要在喂母乳或配方奶的间隔喂辅食，以便让宝宝逐渐适应吃辅食。每天在相同时间喂断奶食品，可以使宝宝的进食有一定的规律。

还要确定喂辅食的地点，并养成在固定地点吃饭的习惯。如果妈妈每天随意改变喂食的地点，比如昨天在卧室，今天在客厅，就无法使宝宝建立吃饭的概念。

通过饭前擦手、饭后擦嘴等方式，让宝宝逐渐感受到进餐的开始和结束。妈妈可以根据具体情况或宝宝情绪的变化来培养自家宝宝的生活习惯。

在辅食量的把握上，不要让辅食抢了奶量的主要地位，宝宝还是应以吃奶为主。辅食即使吃少了也不要强迫宝宝继续吃，更不要训斥宝宝。制作辅食时，米粉是主食，每顿辅食中米粉的量要占到一半，才能保证宝宝摄入足够的能量。

核桃汁

【材料】核桃仁200克，牛奶（或清水）200毫升。

【做法】

1.将核桃仁放入40℃左右的温水中，浸泡5~6分钟，去皮。

2.将核桃仁放入榨汁机中榨成汁液，用滤网过滤。

3.将核桃汁倒入锅中，加牛奶（或清水）烧沸立即熄火。

第110天
避开容易引起过敏的食物

✿过敏的症状

0~6个月月龄宝宝的食物过敏患病率最高，临床上以胃肠道症状为主要表现，包括持续性肠绞痛、呕吐、腹泻和便血等。过敏性休克是最严重的食物过敏反应，可危及生命。6个月月龄以上宝宝除了胃肠道症状外，主要还表现为皮肤损害，如湿疹、多形性日光疹等。

临床上90%以上的过敏反应由8类高致敏性食物引起，这些食物包括：蛋、鱼、贝类、奶、花生、大豆、坚果和小麦，辅食添加应尽量避开这些食物。

✿食物过敏的原因

遗传是引起食物过敏的主要原因。此外，不当喂养也会增加过敏的可能性。纯母乳喂养4个月以上和混合喂养6个月以上的婴儿患哮喘、过敏性皮炎和过敏性鼻炎的危险性显著降低。母乳喂养保护婴儿免受多种过敏性疾病的困扰，这种保护作用可持续到2岁以上。4个月内添加辅食的婴幼儿，发生食物过敏的风险是晚加辅食者的1.35倍。

✿食物过敏，要寻找营养替代品

宝宝出现食物过敏现象，应通过食物排查来确定过敏食物。妈妈首先要注意观察宝宝对待食物的态度，以便尽早发现过敏。对于一见食物就躲，或进食初期正常，很快就拒绝这种食物的现象，排除其对这种食物味道、性状不接受的情况，最先应考虑的就是对食物过敏或不耐受的问题。

如果宝宝对于某种食物过敏，就要在6个月内避开这种食物，因为这会影响到宝宝的生长发育。

容易引起宝宝过敏的食物

类别	名称
蛋白质类	鱼、虾、贝类、鸡、鸭、蛋白、牛奶、豆制品等
淀粉类	面粉和种子类食物，各种坚果、蚕豆、花生等
蔬菜类	西红柿、芹菜、土豆、莴笋、蘑菇等
水果类	菠萝、桃、柿子、杧果等

第 111~112 天
宝宝缺铁的判断标准

婴幼儿贫血大多是因缺铁所致，静脉抽血化验所得的血色素水平是判断贫血的主要依据，微量元素测得的血液中铁含量是辅助手段。而从手指取血所得末梢血的血色素及铁元素含量结果并不准确，这是因为取血过程中不能保证组织液的混入，可能导致取得血液偏稀，出现贫血的假象。这时补铁会造成宝宝体内铁含量过多，也不利于宝宝健康，因此只可作为筛查手段，如果需要采取治疗，一定要复查静脉血。

需要明确的是，"贫血"不能简单地与"缺铁"画上等号，缺铁能够导致贫血，但贫血不一定都是因为缺铁。判断宝宝是否缺铁、是否需要补充铁剂，应由专业的医生检查确认。建议妈妈不要擅自给宝宝补充铁剂，更不可未经检查而凭感觉用药。宝宝摄入过多铁剂会干扰其他微量元素吸收，不利于健康。

确实需要补铁时，可首先选择食补，对于已添加辅食的宝宝，建议食用强化铁的婴儿配方米粉，待宝宝大

一些可添加红肉和青菜，也有助于补铁。如果宝宝缺铁的情况比较严重，可以在医生指导下，口服补铁液，只有在严重缺铁时才需要注射铁剂或补血针剂。妈妈不要仅仅是希望预防贫血、预防缺钙就给宝宝额外补充铁剂、钙剂等营养品。

枣泥

【材料】大枣3~6枚。

【做法】

将大枣洗净，煮熟后去皮、去核，放入碗里，用研磨器碾成泥状即可。

第 113 天

添加辅食后，大便会有变化

开始添加辅食以后，宝宝大便的颜色和性状就会有变化。最开始是连着2～3天拉稀，而且大便要比只吃母乳或奶粉时臭，放屁也有臭味。这是正常现象，表示宝宝正在逐渐适应新食物。一般来讲，在适应几天以后，宝宝大便形状就会恢复正常，大便次数也会有所减少。

如果进食辅食几天以后，大便仍然很频繁，甚至是腹泻，就应该暂停喂食或放慢添加的进程。

如果大便有异常，要带宝宝去医院检查。如果大便里带有黏液、血液，或长期腹泻、便秘，就要接受医生的检查和诊治。

去医院时带上一点儿宝宝的大便，以方便查验。

土豆蓉

【材料】土豆半个。

【做法】

1.土豆洗净，去皮切片。

2.把土豆片放入蒸锅内，隔水蒸20分钟。

3.将蒸熟的土豆片盛入碗内，用研磨器将土豆压成蓉状即可。

蛋黄豆糊

【材料】荷兰豆100克，鸡蛋1个，大米50克。

【做法】

1.将荷兰豆去掉豆荚，放进搅拌机中，打成糊。

2.将鸡蛋煮熟，取出蛋黄，压成泥。

3.大米洗净，在水中浸泡2小时，将大米、豆糊一起煲约1小时，煲成半糊状，放入蛋黄泥焖约5分钟即可。

第114天
便秘了，调整辅食的成分

　　宝宝便秘是指宝宝有大便干结、排便费力的情况，便秘与肠道功能状况有关。

　　肠道内的细菌帮助败解食物中的纤维素，产生短链脂肪酸，同时产生很多水分，从而使大便变软。肠道中的细菌数量减少时，就会影响到败解食物的效果，而日常生活中用到的消毒剂，就不利于肠道菌群的建立和维护。

　　纤维素摄入不足，也会导致便秘。添加辅食以后，如果食物加工过细、过精，虽然有利于营养的吸收，但会使纤维素摄入不足，食物残渣少，导致便秘。因此，妈妈在制作辅食时，食物的加工要适当。此外，注意青菜的供给，也有利于肠道健康，预防便秘。

奶味蔬菜泥

【材料】绿色蔬菜（油菜、菠菜、小白菜等均可）50克，牛奶50毫升，玉米粉50克。

【做法】

1.将绿色蔬菜嫩叶部分煮熟或蒸熟后，磨碎、过滤，留取蔬菜泥备用。

2.取10克~20克蔬菜泥与少许水至锅中，边搅边煮。

3.快好时，加入牛奶，再加入用等量水调好的玉米粉水，继续加热搅拌煮成泥状即可。

第 115 天
果蔬汁添加方法

✿添加时间

喂果汁和菜水的时间可以选在两次喂奶之间，散步、洗澡后或口渴时，因为这时的宝宝比较活跃和清醒。吃奶后1小时，胃中的奶量已基本排空，属于半饥饿状态，较容易接受奶之外的食物。

✿喂食量

开始时每日喂1次果汁，每次5毫升～10毫升，可以用小汤匙舀一点点送入宝宝口中，让他自己慢慢咂摸品味。一个月以后，可逐渐增加到每日2次或3次，每次的量可增至15毫升或20毫升，最多不应超过30毫升；也可以放少量温开水用奶瓶来喂食。

✿注意事项

果汁不宜掺入奶中同饮，因为果汁属弱酸性饮料，在胃内能使乳汁中的蛋白质凝固成块，不易吸收，造成婴儿营养不足。纯果蔬汁中要加等量的温开水，稀释1倍。

喂奶的间隔时间不应因此而增加，要保证奶的摄入量。

所有蔬果汁均需将杂质过滤后，才可给宝宝饮用；如每次喂完果汁后有剩余，必须丢弃。

樱桃汁

【材料】樱桃300克。

【做法】

1.樱桃洗净，去核、去蒂，切碎。

2.将切碎的樱桃放入果汁机中加入100毫升白开水，打成汁过滤即可。

开始对宝宝进行进餐教养

❋ 训练进餐礼仪

在每次喂宝宝前，要先给宝宝洗净双手和脸，接着用愉快的声音说："我们开始吃饭啦！"然后，就在这种快乐的气氛下喂食。进餐完毕要向宝宝示范说："吃饱了！"同时也要为宝宝清洗双手和脸。像这样的礼仪，不论宝宝是否会做，家长都要从这个时期起反复地在宝宝面前示范，以便使宝宝养成习惯。

❋ 用小勺喂宝宝

宝宝今后要吃的食物基本上都是半固体或固体食物，所以应该开始让宝宝练习用小勺吃东西了。妈妈最好在每次喂奶前，先试着用小勺给宝宝喂些好吃的食物，或在大人吃饭时顺便用小勺给宝宝喂些汤水。慢慢地，宝宝就会对小勺里的食物感兴趣，并接受用小勺吃东西了，为以后自己独立吃饭打下基础。

牛奶粥

【材料】奶粉50克，粳米50克。

【做法】

1.粳米淘洗干净，入清水浸泡1小时后倒入锅中，加适量水，大火烧开，小火熬煮30分钟左右，关火。

2.加入奶粉，搅拌均匀即可。

不要勉强宝宝进食

可以把宝宝进食的时间安排在大人吃饭时或饭后，大人的进餐过程可以增加宝宝的食欲，有了大人进食做铺垫，再喂饭就会容易很多。

为了让宝宝对陌生的食物不产生恐惧感而顺利接受，最好在宝宝身心状况都比较好时喂食。也许有的宝宝从一开始就很容易接受，但相反的情况也很多。虽然宝宝吐出来以后可以接住再喂回去，但是如果试了两三次还是这样的话，就不要勉强，先暂停一下再试。再试时，如果婴儿仍然一脸不愿意地拒绝，就先不要喂了，停止一两天再试也不迟。因为如果强迫婴儿进食的话，反而会使婴儿对辅食产生排斥感，而且，有些食物会变成婴儿特别讨厌的。所以，为了饮食均衡而使辅食添加带有强制性的话，反而会适得其反。出现这种情况时，应及时用其他类似的食物来补充营养。

胡萝卜水果泥

【材料】胡萝卜半根，猕猴桃半个，熟蛋黄半个。

【做法】

1.胡萝卜洗净，煮熟，置于研磨器内捣成泥状，盛入碗内。

2.猕猴桃洗净，去皮，用研磨器研碎；熟蛋黄研成泥。

3.将胡萝卜泥、猕猴桃泥、蛋黄泥混在一起搅拌均匀即可。

成品辅食要选信誉好的品牌

成品婴幼儿米粉，一般均应符合主食强化的原则，除米粉经工业化处理更适合宝宝食用之外，一些必需的维生素和矿物质也应得到适量的补充。

现在有很多专为宝宝制作的菜泥、果泥、肉泥等婴儿辅食，妈妈一方面会觉得它们既方便又有营养；一方面又怕其中会添加防腐剂，不如自己做的天然、健康。

大多数成品食物是在无菌的环境下制作的，基本上不含有人工色素和防腐剂。如果妈妈确实没有时间，也可以选择成品的婴儿辅食，要注意选择信誉好的知名品牌产品。宝宝天生的味觉有差异，不是所有的宝宝都喜欢这种食物，而且它毕竟只是一种过渡食品，妈妈还是应该重点培养宝宝对各种天然食物的喜好，自己做的辅食还有利于宝宝味觉、触觉等感觉系统的发育。

莲藕汤

【材料】莲藕150克，胡萝卜100克，冬菇2朵。

【做法】

1. 莲藕洗净，切段，拍松，置于榨汁机内，加温开水榨成浆。

2. 胡萝卜洗净，去皮切段，榨成浆；冬菇入水浸泡1小时，切碎。

3. 莲藕浆、胡萝卜浆、冬菇碎置于煲内，加适量水大火煮开，小火慢煲半小时即可。

香蕉红枣玉米糊

【材料】香蕉1根，玉米50克，糯米30克，红枣2颗，冰糖适量。

【做法】

1.红枣洗净去核；玉米、糯米分别洗净，锅中煮沸适量水，放入玉米和糯米，大火煮沸，再用小火熬煮至黏稠。

2.香蕉去皮切成片；锅中加入红枣、香蕉片和冰糖，再煮15分钟即可。

宝宝怎么吃每日一读

第3章

5个月
软软滑滑的流质辅食

5个月的宝宝

虽然月龄上仅仅长了1个月，但是宝宝各方面的发育比上个月更明显了。宝宝开始逐渐对辅食产生兴趣，尤其喜欢吃水果，偏爱味道重的食物，妈妈要尽量提供清淡的食物。

第 5 个月

5个月宝宝喂养要点

宝宝长到5个月以后，开始对乳汁以外的食物感兴趣了，即使5个月以前完全采用母乳喂养的宝宝，到了这个时候也会开始想吃母乳以外的食物了。

5个月大的宝宝，一般每4个小时喂奶一次，每天吃4~6餐，其中包括一次辅食。每次喂食的时间应控制在20分钟以内，在两次喂奶的中间，要适量添加水分和果汁。这个月辅食的品种可以更加丰富，以便让宝宝适应各种辅食的味道。

5个月宝宝喂养指导

这个阶段，宝宝的主食仍应以母乳和配方奶为主，最好尽可能坚持母乳喂养。如果妈妈要工作，可每3个小时挤一次奶，以促进母乳分泌，并且要将挤出的奶冷藏，留给宝宝第二天吃。

宝宝在夜间视需要情况进行喂哺，一般一次即可。如果宝宝夜间不醒或不愿进食，可以不喂哺。

很多妈妈在宝宝刚进入断奶餐阶段，往往不知道该喂宝宝吃什么食物，其实只要选择宝宝容易习惯的食物就可以，如过滤的果汁、蔬菜汤或米粥等。

在宝宝情绪好的日子里开始给宝宝喂断奶食物。刚开始时建议给宝宝喂些谷类，特别是以喂粥为宜，因为这样不

会对宝宝肠胃造成负担，而且粥也是婴儿比较容易习惯的味道。

有计划地增加辅食种类

这个月可继续有计划地增加辅食的种类，以保持营养的摄入量。无论给宝宝吃什么，都要有规律地进食，这样，可使神经系统、内分泌系统、消化系统等协调工作，并建立起对进食时间的条件反射，如在接近喂奶的时间，胃肠道就开始预先分泌消化液，并产生饥饿感，这样有助于增加食欲，从而促进食物的消化与吸收。

这个阶段除了继续观察宝宝皮肤和粪便情况之外，也要慎重选择水果，不要给宝宝口感太强烈的品种，如榴梿、荔枝、杧果等。给予果汁的时间最好是在白天，以利于宝宝出现过敏反应或不适症状时，父母能有足够的时间寻求医生帮助。

这个月的婴儿可以自己吃少量的健脑食品（如鱼泥），可添加在浓米汤或稀糊里。钙和鱼肝油仍要补充，并多晒太阳，防止佝偻病。

不选反季节水果

人必须顺应自然，根据不同季节选用时令果蔬，这样才有益健康。现代社会，人们生活水平提高了，有时会产生一些不合养生规律的想法，喜欢用一些反季节的昂贵果蔬喂宝宝，这样的妈妈往往认为这才是爱宝宝的做法。曾有媒体报道，3岁女孩"性早熟"事件，这个结果与经常性食用反季节食物有很大的关系。

每个季节可选用最好吃、最便宜、最新鲜的水果做成时令水果汁喂给宝宝喝。春天可用橘子、苹果、草莓；夏天可用番茄、西瓜和桃；秋天可用葡萄、梨；冬天可用苹果、橘子和柠檬。

果汁的摄入不宜太频繁，妈妈无须为此特别操心劳累。

草莓汁

【材料】草莓10个。

【做法】

1.将草莓洗净，用研磨器研碎。

2.将研碎的草莓倒入过滤漏勺，用汤匙挤出草莓汁液，盛入小碗，加150毫升温开水拌匀即可。

香蕉苹果泥

【材料】苹果半个，香蕉半根。

【做法】

1.将苹果洗净、去皮，对半切开，用勺子刮成泥，置于小碗里。

2.香蕉去皮，置于小碗里，用勺背碾压成泥。

3.将苹果泥与香蕉泥搅拌均匀即可。

循序渐进处理食材

为了增加婴儿对食物的接受度，除婴儿营养米粉之外，母亲在怀孕与哺乳期喜欢吃的食物，就应该成为婴儿最早接触的食物。

宝宝的饮食要与牙齿及肠胃的发育状况相适应。在快速发育的婴儿期，辅食制作会有很大的变化。为了配合宝宝各阶段的成长，同样的食材必须有不同的处理方法。

半岁左右，食物分阶段处理方法		
	4个月：汁的阶段	5～7个月：泥的阶段
苹果	洗净切块，放入榨汁机榨汁，喂食过滤后的汁	用铁汤匙刮成泥状喂食
胡萝卜	切片放在碗里，加水，蒸熟。喂食碗内的黄水	蒸熟，用铁汤匙或磨泥器捣成泥喂食
鱼肉	暂不能添加	蒸熟，去刺，用铁汤匙碾成泥，加入粥里喂食
豆腐	暂不能添加	煮熟磨碎，加入粥里喂食
西蓝花	洗净切块，放入榨汁机中榨汁，喂食过滤后的汁	切成小朵，煮熟磨碎，加入粥里喂食
猪肉	暂不能添加	煮熟，剁碎，加入粥里喂食

（注：以上仅选取了部分食材的处理方法。）

猕猴桃饮料

【材料】猕猴桃1个，配方奶200毫升。

【做法】

1.将猕猴桃洗净去皮，切成小块，用研磨器压成糊状。

2.将配方奶倒入猕猴桃糊中搅拌均匀即可。

第 **125** 天

加辅食，不减奶

宝宝的肠胃适应辅食需要过程，这时候尽管能够吃下去不少东西，但肠胃并不一定能消化吸收。比如刚开始吃淀粉类辅食时，肠道要经过刺激才能使肠道消化淀粉酶有活性。所以，开始添加辅食的第一个月内，宝宝进食的淀粉几乎是为诱发酶的活性，其所带来的营养物质几乎可以忽略不计。

因此，母乳仍然是宝宝主要的营养来源。更重要的是，母乳里面含有宝宝需要的免疫物质，能够帮助宝宝的肠胃更顺利地接受辅食，减少过敏反应。

妈妈要记住，添加辅食之初，辅食量一定要少，切记不要减少从前的奶量。每次只加一种食物，等肠胃适应了以后，才能增加另一种食物。

养成先吃辅食再喝奶的习惯，可以让宝宝在空腹的情况下愿意吞咽与咀嚼，否则宝宝一旦先喝奶喝饱了，就不会再吃其他食物。可将食物用杯、碗盛装，以小汤匙喂食，让宝宝逐渐习惯大人的饮食方式，并将食物放在舌头中间，让还不太会吞咽的宝宝较容易吞下。米粉、麦粉需调成糊状置于碗中喂食，不要直接加入奶中用奶瓶冲泡。

草莓奶露

【材料】草莓10个，配方奶（或母乳）150毫升。

【做法】

1. 草莓洗净，去蒂，切小块，置于碗里。

2. 将草莓块与配方奶（或母乳）放入榨汁机中，榨汁后喂食。

草莓含有果糖、蔗糖、氨基酸、钙、铁等矿物质及多种维生素，还含有果胶和丰富的膳食纤维，对宝宝的健康成长极有好处。

妈妈在选择婴幼儿营养米粉时要注意看清包装上标示的食品类别，也可以将营养素含量进行比较，以挑选适合宝宝食用的品种。

要留意内容物是否为独立包装，因为独立包装不仅容易计量宝宝每次用量，而且更加卫生。

看清产品包装上的适用月龄，要选择与宝宝月龄相适应的品种。

要选择品牌产品，质量有保证，不要以为贵的就是最好的，不要受广告误导。

对于有特殊要求的宝宝，如对乳糖过敏或对牛奶蛋白过敏的，妈妈在选购时，还应特别留意配料表中是否含有奶粉。

❋ 喂食辅食的最佳时间

一大早起床后或者睡前喂辅食都不合适，最好选在宝宝精力充沛的时间段。比如可选在上午10~11点。一旦定下喂食时间，就要尽量按时执行，不要轻易改变。如果宝宝的喂奶时间比较随意，没有定时，就要先将喂奶时间调整得有规律，再配合喂食辅食的时间。

藕粉牛奶羹

【材料】藕粉50克，配方奶150毫升。

【做法】

1. 将藕粉倒入锅内，加适量水，中火熬煮10~20分钟，边煮边用汤匙搅拌。

2. 藕粉变为透明后转小火，加入调配好的配方奶，搅匀关火即可。

藕粉和薯粉都含有丰富的营养，营养素极为均衡，非常适合4个月以上的宝宝食用。注意牛奶熬煮时间不宜太久，以免营养素流失。

有相当一部分宝宝会出现辅食添加困难的情况，这些宝宝除了母乳什么也不吃。是对辅食不感兴趣，还是不喜欢使用餐具？可能什么也不是，只因妈妈奶水充足，宝宝根本吃不进去其他食物。遇到这样的情况，要适当给宝宝添加含铁丰富的辅食，而不必添加更多的辅食了。宝宝不愿吃辅食，就只能暂时不加了，也许到了下个月，宝宝就会很愉快地接受辅食了。

也有的宝宝面对妈妈时，只想吃奶，因此拒绝吃辅食。可以让妈妈之外的其他家人给宝宝喂辅食。

一直不吃辅食，断不了母乳，这种情况不存在。吃辅食只是时间问题，妈妈不要因添加辅食困难而烦恼，总有一天宝宝会很高兴地吃辅食的。

面对宝宝很饿却不愿吃辅食的情况，可能是对食物不耐受，妈妈可以试着换成其他食材。

蔬菜泥

【材料】胡萝卜半根，土豆半个，番茄半个。

【做法】

1.土豆、胡萝卜分别洗净，切成小块，放入锅内，隔水蒸20~30分钟至软烂；番茄用开水烫去皮。

2.将煮熟的土豆块与胡萝卜置于小碗里，加入去皮番茄，用汤匙将这3种蔬菜碾压成泥，搅拌均匀即成。

胡萝卜水

【材料】胡萝卜1个。

【做法】

1.胡萝卜洗净，去皮，取其中心部位切片。

2.胡萝卜片放在碗里，加半碗水，把碗放在笼屉上蒸10分钟。

3.将碗内黄色的水倒入杯中即可喂食。

厌奶与过早接触带味辅食有关

当宝宝接触了味道很好的辅食（如果汁、菜汁、大人饭菜等）以后，就会对味道平淡的配方奶甚至母乳失去兴趣。其实一开始妈妈并不需要把辅食的味道弄得"特别好"。

对于已经开始厌奶的宝宝，首先要确定宝宝喜欢哪种食物的味道，再用这种食材来使宝宝恢复对奶的喜好。比如在配方奶中加少许果汁，母乳喂养的宝宝可在妈妈的奶头上涂点儿果汁，再逐渐减少，直至完全去掉。

这个阶段的宝宝，对外部环境的兴趣在逐渐增加，这也会使他难以集中精神吃奶。在进食时，要将环境中的干扰因素去掉，帮助宝宝专心吃饭。

冬瓜糊

【材料】冬瓜100克，猪骨高汤300毫升。

【做法】

1.冬瓜洗净，去皮，切小块，倒入锅里。

2.锅中加入猪骨高汤，大火烧开，转小火煮30分钟左右，至冬瓜软烂即可。

家常蛋羹

【材料】鸡蛋1个。

【做法】

取鸡蛋黄，置于小碗里，打散，加入1汤匙凉开水，搅拌均匀后放入蒸锅里，小火蒸25分钟即可。

注意要先打好蛋黄液，再加凉开水搅拌均匀，上火蒸制蛋羹时要用小火，这样做出的蛋羹才能又滑又嫩。

第130天
忌给宝宝喂食冷蛋黄

部分婴儿进食冷蛋黄后会发生湿疹等过敏反应,这是因为蛋白中含有一种叫卵类黏蛋白的物质进入了蛋黄,这种物质会让宝宝出现过敏。当鸡蛋处于新鲜状态,蛋黄膜未被破坏之前,该物质被阻挡在蛋黄外,当鸡蛋散黄或煮熟后,蛋黄膜已被破坏,卵类黏蛋白即可从蛋白迅速向蛋黄中扩散。所以,要避免婴儿吃冷蛋黄引起过敏。最有效的方法就是在鸡蛋煮熟后立即把蛋黄与蛋白分开,不要等凉凉以后再取食,也不可用冷水泡凉。

婴儿也要忌食未煮熟的鸡蛋。科学研究显示,未煮熟的鸡蛋也很容易受到沙门氏菌的感染。因此,水煮鸡蛋的时间需要7分钟以上。

南瓜浓汤

【材料】南瓜100克,高汤100毫升,配方奶100毫升。

【做法】

1.南瓜洗净,去皮去瓤,切丁,倒入榨汁机中,加高汤打成浆。

2.把南瓜浆倒入小锅,加入配方奶,大火煮开,转小火熬煮10分钟即可。

蛋黄土豆泥

【材料】鸡蛋1个,土豆半个,母乳(或配方奶)100毫升。

【做法】

1.鸡蛋煮熟,取出蛋黄,置于小碗内捣成泥。

2.土豆洗净去皮切片,放入蒸锅隔水蒸熟后,置于碗内捣成泥。

3.将蛋黄泥与土豆泥混合,加入母乳(或配方奶),搅拌均匀即可。

蛋黄可补铁、益智;土豆含有丰富的最接近动物蛋白的蛋白质,还含有丰富的矿物质。

把握好喂水时间

婴儿喝水有很多讲究。宝宝不会说话，无法表达他是否需要水。为了宝宝的健康，妈妈需要多观察，以便判断是否该给宝宝加水了。

口唇发干或无尿时喝。宝宝口渴了会用舌头舔嘴唇，妈妈要细心观察，看到宝宝口唇发干或应换尿布时没有尿等现象，都提示宝宝需要喝水了。

两次喂奶之间、户外活动、洗澡、睡醒后都需要喝水。

饭前不喝：饭前给宝宝喝水会稀释胃液，不利于食物消化，而且宝宝喝得肚子胀鼓鼓的会影响食欲。正确的方法是在饭前半小时，让宝宝喝少量水，以增加口腔内唾液分泌，帮助消化。

睡前不喝：宝宝在睡前喝水多了，夜间容易尿床。

什么时候应该给宝宝补水，很多情况下应该是妈妈的直观感觉。要视当下的具体情况灵活把握：

遇到天气多风、气候干燥的情形，补充水分是十分必要的。

在宝宝发热、腹泻、失水过多时，需要减少食物摄入而多补充水分，从而依靠水的作用降低体温，顺利排泄有害物质，缩短病程，快速恢复健康。

暑热时，除了需让宝宝多喝白开水外，还应喝一些有清热功能的果汁，不仅有助于补充水分，还能起到散热、调节体温的作用。

宝宝感冒时，要让宝宝多喝水，充足的水分能稀释鼻腔内的分泌物，可让宝宝多摄入一些含维生素C丰富的水果和果汁。

苹果汁

【材料】苹果1/4个。

【做法】

1.苹果洗净后削皮，并去除中心的核、子切小块。

2.放入果汁机里，打成汁或以研磨器磨成泥后挤压出汁即可。为避免果肉变色，苹果汁一定要现做现喝。

豆腐——植物蛋白仓库

豆腐是含蛋白质比较高的植物性食物，它含有8种人体必需的氨基酸，是宝宝身体发育不可缺少的营养物质。豆腐还含有动物性食物缺乏的不饱和脂肪酸、卵磷脂等，不会因摄入过多脂肪而导致发胖。豆腐比动物性食物更具有补养和健脑优势。丰富的大豆磷脂有益于宝宝神经、血管、大脑的生长发育，所含的豆固醇还能抑制胆固醇的摄入。豆腐中含有较多的铁、钙和镁盐，有较高的营养价值，尤其对宝宝骨骼与牙齿的生长有特殊意义。常吃豆腐可以保护肝脏，促进机体代谢，增加免疫力，并有解毒作用。豆腐含钙质也很丰富，豆腐和鱼搭配，是给宝宝补钙、增加免疫力的好办法。单独食用豆腐，蛋白质利用率较低，若把豆腐搭配鱼、海带、鸡蛋、排骨等，就可以提高豆腐中蛋白质的利用率。

❋料理小妙招

豆腐细嫩又有营养，是制作宝宝辅食的理想食物。给宝宝制作辅食时，要注意方法，首先将豆腐冲洗干净，放入沸水锅中加热煮沸后取出，再用清水冲洗，放入碗中用汤匙压碎，加入搭配的菜泥或汤汁喂给宝宝吃。

需要注意的是，豆腐是高蛋白质的食物，很容易腐坏，买来后应立刻浸泡于水中，并放入冰箱冷藏，烹调时再取出。盒装豆腐较易保存，但仍需放入冰箱冷藏，以确保在保存期内不会腐坏。

此外，豆腐虽好，也不宜天天吃，一次食用也不要过量。中医认为，豆腐性偏寒，脾胃不好的宝宝也不宜多食。

虾仁豆腐羹

【材料】虾仁50克，豆腐50克，蛋黄1个。

【做法】

1.虾仁洗净，汆烫一下；豆腐切小块，蛋黄打散。

2.将虾仁、豆腐块放入锅中，加适量水煮沸，小火煮10分钟后淋入蛋黄液，再次大火煮沸即可。

豆腐芹菜粥

【材料】大米30克，芹菜50克，豆腐30克。

【做法】

1.将芹菜去根、叶，洗净，打成泥；豆腐切丁。

2.大米淘洗干净，放入锅内，加适量清水，用旺火烧开，转文火，煮至半熟时下入芹菜泥和豆腐丁，煮至粥烂熟即成。

丝瓜豆腐汤

【材料】丝瓜1根，豆腐100克，香菇2朵。

【做法】

1.丝瓜去皮，洗净，切成滚刀块；香菇提前泡发，切成小块；豆腐切块，氽烫备用。

2.锅置火上，倒入食用油烧至五成热，放丝瓜块煸炒，再放入香菇块翻炒，加水煮沸后放豆腐块，大火煮5分钟即可。

训练宝宝使用餐具

辅食除了为宝宝提供成长所需的营养，还有其他两项重要功能，一是训练宝宝的咀嚼能力，二是训练宝宝使用餐具。这两种练习的过程，除了营养的补给，也能让宝宝的身心状态与用餐技巧顺利接近幼儿水平。

在宝宝探索食物滋味、学习使用餐具的过程中，要循序渐进，慢慢培养，耐心教导，爸爸妈妈不能操之过急，不要给宝宝压力，以免降低宝宝对用餐的兴趣与学习的欲望。

在练习咀嚼时，可先从柔软的糊泥状辅食开始，如米糊、蔬菜泥、水果泥，配合宝宝的牙龈发育与长牙情况，再逐渐切成小块或细条，让宝宝自己拿着啃。

如果宝宝因为不喜欢使用勺子而哭闹，可先暂停几天。如果宝宝一直无法学会吞咽食物，妈妈就要改进辅食的制作方法。

南瓜吐司粥

【材料】切片吐司1片，南瓜50克，粳米30克。

【做法】

1. 粳米洗净，放入适量水，煮成粥。

2. 粥盛入碗中，把切片吐司撕成小块放入碗中。

3. 南瓜洗净，去皮去子，切块，蒸熟后用研磨器磨成泥状。

4. 将南瓜泥放入粥碗中，搅拌均匀即可。

自制磨牙棒

乳牙萌出后咀嚼能力进一步增强，此时适当增加食物硬度，让其多咀嚼，反而有利于牙齿、颌骨的正常发育。

专家认为，良好的咀嚼功能，是预防畸形牙最自然的方法之一。自制磨牙棒不仅有助于锻炼宝宝牙齿的咀嚼能力，同时也可以使手指的抓握及手眼协调能力得到锻炼。

蔬菜： 把胡萝卜、红薯等削成宝宝手指粗细的条状，蒸熟后递给宝宝啃咬。在蒸制的过程中，要把握好硬度，最好煮成外软内硬的程度，既让宝宝可以吃到又不至于被"消灭"得太快。黄瓜去皮后切成条状也可以。

水果： 苹果、梨等可以切成条状；香蕉要买那种小手指蕉，方便宝宝手拿。

点心： 把吐司面包切成手指宽的条，直接给宝宝抓着吃。

磨牙面包条

【材料】新鲜面包片2片，鸡蛋1个。
【做法】
1.鸡蛋洗净，取鸡蛋黄打散，搅成蛋黄液。
2.将新鲜面包片切成细条状，裹上蛋黄液，放入烤箱内，烤5分钟即可。

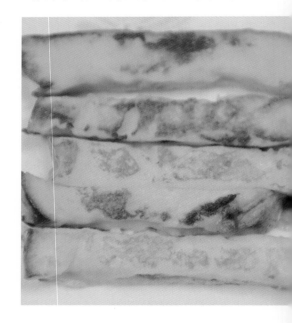

✿选择合适的材料

一般来说，妈妈的选材可能会受到习惯思维的制约，妈妈要从习惯思维中跳出来，只要对宝宝身体有益且适合手握的食材都可以拿来尝试。

✿经过处理

不能生吃的要蒸熟了再切条给宝宝吃。南瓜、红薯蒸熟以后使劲儿握着会变成泥状，妈妈要注意烹调时掌握好度。

✿软硬适中

食物要有一定的硬度，要便于手拿和抓。由于宝宝没有或只有很少几颗牙齿，因此食物还需要软度适中，易消化，能用牙龈磨碎和吞咽。随着宝宝的成长，食物可逐渐加硬。

双色蔬菜棒

【材料】胡萝卜半根，黄瓜半根。

【做法】

1.胡萝卜洗净，切成成人手指粗细的条，放入沸水中煮5分钟，捞出放入凉水中浸泡3分钟。

2.黄瓜洗净，切成同样大小的长条。

3.将胡萝卜条捞出，沥干水分，与黄瓜条一同放入盘中。

辅食的性状要符合宝宝的发育

早期添加辅食时，必须是汁状或糊状，以适应宝宝的胃肠道。但随着月龄的增长，应该逐渐过渡到较软的固体（如煮蔬菜）、硬固体食物（如水果、饼干等），这样有助于锻炼宝宝咀嚼能力、胃肠消化能力等。倘若一味坚持软、烂、糊、汁，会使宝宝咀嚼、消化能力发育落后，迟迟不能接受固体食物，影响营养素摄取。

妈妈应有意地训练宝宝的咀嚼动作，可在宝宝进食米粉等泥糊状食品时，妈妈嘴里也同时咀嚼口香糖之类的食物，并同时做出夸张的咀嚼动作。这种表演式诱导，能激发宝宝的模仿欲望。在乳牙萌出前，不能提供含有小块状的食物。一则会使食物消化不完全，影响营养物质的吸收；二则很容易发生呛噎的危险。

❋不宜给宝宝吃的食物

不宜吃颗粒状食品，如花生米、爆米花、大豆等，避免宝宝吸入气管，造成危险。

不宜吃带骨的肉、带刺的鱼，以防骨刺卡住宝宝的嗓子。

不宜吃不易消化吸收的食物，如竹笋、生萝卜等。

不宜吃太油腻的食物。

不宜吃辛辣刺激的食物，如辣椒、咖啡、浓茶等。

山药枣泥

【材料】山药150克，大枣5颗。

【做法】

1.山药洗净，去皮切段；枣洗净，去核；将山药与大枣放入蒸锅，隔水蒸15分钟。

2.将蒸熟的山药段用汤匙压成泥。

3.将蒸熟的大枣去皮，压成泥，与山药泥置于同一小碗里，拌匀即成。

✱勺子

妈妈此时应为宝宝备2个勺子。1个是软头的婴儿专用勺子，供宝宝自己进食时或玩耍时用，无须担心宝宝会伤到自己；1个可选不锈钢长柄口浅的勺子，供妈妈喂食时用。这两款勺子都需选用浅色、易清洗、方便消毒的。

✱碗

宝宝进食的前几个月，在他的大脑里，没有"碗是用来盛饭的"这种概念。碗就是玩具，他对待玩具的态度就是咬、扔。为避免食物洒得到处都是，要选用底部带有吸盘的碗，进食时固定在餐椅上。在形态上要选择底平、帮浅、略大且漂亮的碗。

菜花泥

【材料】菜花100克。

【做法】

1.将菜花洗净，掰成小块，放入沸水中煮3分钟。

2.将菜花块捞出放入小碗中，用研磨器研碎，加温开水调匀即成。

红小豆泥

【材料】红小豆50克。

【做法】

1.红小豆洗净，用温水浸泡5~6个小时。

2.将泡好的红小豆倒入锅中，加适量水大火煮开，转小火焖煮1个小时。

3.将煮熟的红小豆盛出去皮，置于研磨碗中磨成泥即可。

红小豆是人们生活中不可缺少的高营养、多功能的杂粮。它富含淀粉，因此又被人们称为"饭豆"；含有较多的皂角苷，可刺激肠道，有良好的利尿作用；含有较多的膳食纤维，具有良好的润肠通便作用。

水果不能代替蔬菜

在添加辅食的过程中，有的父母看见宝宝不喜欢吃蔬菜而喜欢吃水果，于是就用水果代替蔬菜喂食婴儿，这是极不恰当的。

水果不能代替蔬菜，虽然水果中的维生素含量不少，足以能代替蔬菜，然而水果中钙、铁、钾等矿物质的含量却很少。此外，蔬菜中富含纤维素，纤维素可以刺激肠蠕动，防止便秘，减少肠道对人体内毒素的吸收。再有，蔬菜和水果含的糖分存在明显的区别，蔬菜所含的糖分以多糖为主，进入人体内不会使人体血糖骤增，而水果所含的糖类多数是单糖或双糖，短时间内大量吃水果，对宝宝的健康不利。过多的水果会导致宝宝膳食不平衡，有的宝宝多吃水果，还会腹泻或容易发胖。

胡萝卜土豆米汤

【材料】大米30克，土豆、胡萝卜各50克。

【做法】

1.将大米淘净并用水泡半小时，将土豆和胡萝卜洗净，去皮，切成小块。

2.将大米、土豆块和胡萝卜块倒入锅中，加适量的水大火煮沸，再用小火煮至米、土豆块和胡萝卜块熟烂，将煮好的材料过滤一遍，即可喂食。

蛋花豆腐羹

【材料】蛋黄1个，南豆腐50克，骨汤1小碗。

【做法】

1.南豆腐置于小碗中，用汤匙碾压成豆腐泥；蛋黄打散。

2.骨汤倒入锅中，大火煮开，加入豆腐泥，转成小火熬煮10分钟左右。

3.将蛋黄液搅散洒入，继续煮1分钟即可。

辅食营养充足，无须补钙

对于以母乳（配方奶）喂养为主、辅食喂养为辅的婴儿来说，由于母乳、配方奶、米粉及婴儿其他辅食中所含的钙已能满足婴幼儿生长发育，一般不需考虑补钙的问题。

妈妈更应该关注宝宝对于维生素D的摄入问题。现阶段，所谓的缺钙实际上指的是佝偻病，是维生素D缺乏性佝偻病。维生素D在人体内不是直接提供营养，但它可促进骨骼对钙质的吸收。所以，想要宝宝更好地吸收食物中的钙，就一定不要忽略摄取维生素D。

可以通过以下两种渠道摄取到维生素D：

户外晒太阳：人皮肤中的7-脱氢胆固醇经阳光中的紫外线照射后，能生成维生素D_3。宝宝需要经常到户外晒太阳，这样可以促进体内维生素D的合成。

给宝宝喂食鱼肝油：目前使用最普遍的维生素D制剂就是浓缩鱼肝油。维生素D与钙一起吃时，要注意按每天规定的量来补充，不可过量，否则会引起中毒。

青豆土豆泥

【材料】土豆半个，青豆50克，高汤100毫升。

【做法】

1.土豆洗净，去皮，切片，置于蒸锅中蒸熟，取出压成泥状。

2.青豆煮熟，剥去皮，压成泥状。

3.青豆泥与土豆泥混合，搅拌均匀即成。

第 149～150 天
辅食温度忌过热过冷，40℃
是理想数值

给宝宝准备的辅食温度究竟应该控制在多少度较适宜？通常，宝宝食物的温度最好是在40℃以下，接近人体的体温，这样既不会给宝宝造成因为太烫难以入口的感觉，也不会因为食物的冰冷对肠胃造成刺激。但是，虽然存在这样一个理想的数值，妈妈却没有必要真的用食物温度计去测量，只要通过感觉去检测，不过冷或过热就好。

许多妈妈担心，如果给宝宝吃了温度不适宜的食物，会造成宝宝肠胃不适，引发健康问题。其实，宝宝虽然需要呵护，但同时也存在一定的调节和适应能力，完全没有妈妈想象得那么脆弱，因此偏执地追求一个绝对"适宜温度"是没有必要的。

需要提醒妈妈的是，相比过热的食物，可以给宝宝尝试一些稍凉的食物，因为过热的食物可能会烫伤宝宝的口腔或是胃黏膜上皮。但是稍凉的食物反倒不会对宝宝的胃肠道造成严重的损伤，也许会对宝宝的胃肠道造成刺激，引起腹部不适，但是这样有利于锻炼宝宝胃肠道的适应能力。当

然，刚刚从冰箱里拿出来的食物是不建议给宝宝吃的。

红枣黑芝麻粥

【材料】粳米50克，红枣3颗，黑芝麻1茶匙。

【做法】

1.粳米洗净，用冷水浸泡半小时；红枣洗净去核；黑芝麻去杂质备用。

2.锅中放入适量水烧开后，放入粳米用大火煮沸后，加入红枣、黑芝麻，转小火熬煮30分钟至黏稠即可。

黄鳝胡萝卜粥

【材料】黄鳝100克，胡萝卜50克，粳米30克。

【做法】

1.黄鳝去头、内脏，拆骨后洗净切片，氽烫备用；胡萝卜洗净、切成细丝；粳米淘净。

2.锅中加适量水，大火烧开后，加入粳米煮沸，再改小火煮30分钟，加入黄鳝、胡萝卜丝，转用小火慢熬成粥即可。

第4章 6个月
有滋有味的吞咽型辅食

6个月的宝宝

　　与上个月相比，宝宝身体各部分的运动能力进一步加强，活动范围有所扩大。宝宝对食物的需求量大大增加，妈妈依然要注意为宝宝提供充足的营养。

第 **6** 个月

6个月宝宝喂养要点

6个月以内的宝宝常常有挺舌反射，如果喂入固体食物，宝宝会下意识地将之推出口外，但随着宝宝的长大，与生俱来的挺舌反射会逐渐被吞咽反射取代，此时可喂些碎菜、碎肉等固体食物，让宝宝逐渐适应吞咽。这个阶段的宝宝可以开始吃些肉泥、鱼泥、肝泥。

6个月宝宝喂养指导

这个阶段宝宝的主食仍应以母乳和配方奶为主，6个月至1岁时应保持每天600毫升～800毫升奶。由于宝宝身体需要的营养物质和微量元素更多了，母乳已经逐渐不能完全满足宝宝生长的需要，因此依次添加其他食物越来越重要。

由于宝宝食量太小，单独为宝宝煮粥或做烂面条比较麻烦，如果妈妈时间比较紧张，可以选用市售的各种月龄宝宝食用的调味粥、营养粥等，既有营养，又节省制作时间。不过，妈妈亲手制作的食物是宝宝的最佳食品。

这个月的辅食当中，如果宝宝排便正常，粥和菜泥可多加一些，并且可以用水果泥代替果汁，已出牙的宝宝可以吃些饼干，以锻炼咀嚼能力。

宝宝的生长发育需要补充各种营养，此时父母要有针对性地补充辅食，用容易消化吸收的鱼泥、豆腐等补充蛋白质；继续增加含铁丰富的食物的量和品质，蛋黄可由1/2个逐渐增加到1个，并适量补给动物血制品，增加土豆、红薯、山药等薯类食品，以扩大淀粉类食物品种。

根据发育情况调整奶量

增加半固体的食物，如米粥或面条，一天加1～2次。因为粥的营养价值比乳类要低，还缺少动物蛋白。因此，最好做成蛋黄粥、鱼肉粥、肝末粥等来给宝宝食用，不要给宝宝吃汤泡饭。要每隔10天给宝宝称一次体重，如果体重增加不理想，奶量就不能减少。如果体重正常增加，每天可以停喂一次母乳或牛奶。

1岁之内不能食用蜂蜜

蜂蜜在酿造、运输与储存的过程中，常受到肉毒杆菌的污染，这是因为蜜蜂在采取花粉酿蜜的过程中，很有可能会把被肉毒杆菌污染的花粉和蜜带回蜂箱，所以蜂蜜中含有的肉毒杆菌芽孢的可能性非常高。而肉毒杆菌的芽孢适应能力很强，它在100℃的高温下仍然可以存活。婴儿的抗病能力差，入口的肉毒杆菌很容易在肠道中繁殖，并产生毒素，此外婴儿肝脏的解毒功能也差，因而可能会引起宝宝肉毒杆菌性食物中毒。因此，不要给1岁以下的小婴儿喂食蜂蜜。

雪梨汁

【材料】雪梨半个。

【调料】冰糖5克。

【做法】

1.将雪梨洗净，去皮去核，切成小块。

2.雪梨块放入锅中，加适量水，大火煮开，转小火熬煮20分钟。

3.加入冰糖继续煮5分钟即可。

胡萝卜泥

【材料】胡萝卜1根。

【做法】

1.将胡萝卜洗净去皮，切小块，隔水蒸熟。

2.将蒸熟的胡萝卜用勺或研磨器碾成泥，再加水拌匀。

选对烹饪方式

烹饪的方式会直接影响宝宝对食物的接受度。有时宝宝讨厌某种食物，并不是不喜欢这种食物的味道，而是不喜欢其烹饪的方式。比如，长牙之后喜欢耐嚼的食物，会拒吃苹果泥，因此妈妈不妨将苹果泥改成苹果片喂给宝宝。

妈妈在制作辅食时，要综合考虑以下内容：色彩鲜艳的食物可以促进宝宝的食欲；太冷或太热的食物会使宝宝感觉害怕；辅食的口味太浓或有刺激性也是不适宜的；食材的切法应该与宝宝的咀嚼能力相适应，形状也应该有变化，以提高宝宝进食的兴趣。

百合梨白藕汤

【材料】鲜百合50克，生梨半个，莲藕100克。

【做法】

1.将鲜百合洗净，撕成小片状；莲藕洗净去皮，切成小块；生梨洗净，去皮、去核，切成小块。

2.把生梨块与莲藕块倒入锅中，加适量水大火煮开，小火炖1小时。

3.加入鲜百合片，继续煮10分钟即可。

第 **155** 天

保护宝宝的肠胃

不要用成人的习惯来看待宝宝，无糖与无盐的蔬菜水和营养米粉，成年人可能觉得不好吃，但宝宝由于一直接触的就是这样的味道，因此并不会反感。妈妈不要在宝宝面前表现出不好吃的样子，以免影响宝宝对食物的喜好。

宝宝不爱吃饭，其实与妈妈做的饭菜好不好吃或有没有营养关系不大。关键在于开始添加辅食之初，妈妈有没有注重宝宝脾胃的养护问题。宝宝很少有先天脾胃虚弱的，多数都是后天受到了伤害。比如喝刚从冰箱里拿出来的酸奶，这就会损伤宝宝的脾胃。

妈妈要精心制作宝宝的辅食，调养好宝宝的脾胃。饭要做得软、细、烂、温、清淡，过凉的不吃，过硬的不吃。同时还要注意营养均衡，食物的种类不宜太单一，不要喜欢就吃个没完，不喜欢就一下也不碰，更不要吃垃圾食品。

百合粥

【材料】粳米50克，鲜百合50克。

【做法】

1.锅中放适量水煮沸，粳米淘洗干净，倒入锅中，大火煮沸，小火煮30分钟至米烂汤稠。

2.加入鲜百合，继续煮5分钟即可。

第 156 天
饮食习惯早培养

对于宝宝来说，怎么吃比吃什么更重要，从城市与农村宝宝的饮食对比中可以看出，城市宝宝在饮食均衡与精细方面都要超过农村宝宝，却经常会见到喂养困难、体弱多病的宝宝，反而农村宝宝虽然粗茶淡饭，却多数健康活泼。其实，单纯的谷物基本能满足人体的营养需求，再适当添加一些其他的食物来补充营养即可，比如蔬菜、肉类等。

喂养的关键不在于宝宝吃了什么，而是怎么喂才能让宝宝把吃进去的食物营养充分吸收和利用。养成良好的饮食习惯是根本。

从开始添加辅食起，妈妈就要随时预防宝宝出现偏食、挑食、厌食。

尽量杜绝以下几种行为：

从小把不同种类食物分开喂。不同食物味道不同，分开喂，就如同出选择题，诱导宝宝做出选择。

大人本身挑食，只强调给宝宝吃，不以身作则。

过多地从营养的角度考虑，某些食物喂养过频。

牛奶蛋花粥

【材料】粳米50克，鸡蛋1个，配方奶100毫升。

【做法】

1.将粳米淘洗干净；鸡蛋取蛋黄，打散。

2.锅中加水煮沸，将粳米倒入锅中，大火煮开，转小火熬半小时。

3.加入配方奶，继续煮沸。淋入蛋黄液，再煮沸后熄火即可。

番茄鱼糊

【材料】三文鱼100克，番茄半个，鸡汤1小碗。

【做法】

1.将三文鱼去皮，切成末；番茄用开水烫过后去皮，切碎。

2.将鸡汤倒入锅中，加入切碎的番茄，中火烧开，转小火煮5分钟。

3.加入切碎的三文鱼肉，用小火煮5分钟。

第 157 天

蔬菜处理得当，可避免营养流失

妈妈在给宝宝制作蔬菜泥时，要保证蔬菜中的营养物质尽可能不被破坏。不同种类的蔬菜制作方法有异。根茎状蔬菜，如土豆、南瓜、红薯、胡萝卜，可将它们蒸熟后去皮，再制成泥糊状；绿叶菜应整根地在滚开的水里焯3分钟，取出后再加工成菜泥。这样处理后可去除附着于菜叶上的化肥、农药等残留物。绿叶菜不要做得太熟，也不要剁碎后再放入开水内焯，这样做会使维生素大量流失。

菜泥处理完，直接加入到米粉中喂食；如果想做菜粥，可以先熬着米粥，待粥要熟的时候再加入制好的菜泥，千万不要将菜与米一起煮熟。

虾皮肉末青菜粥

【材料】粳米50克，虾皮20克，瘦肉50克，小白菜100克。

【做法】

1.虾皮洗净，瘦肉洗净，切碎；小白菜洗净，切成丝。

2.锅中放少许油中火烧热，下切碎的肉，煸炒2分钟，再倒入虾皮翻炒1分钟。

3.在锅中加水，烧开，加入粳米，再次煮沸后转小火熬煮30分钟，加入白菜丝煮2分钟即可。

南瓜挂面汤

【材料】细挂面50克，南瓜100克，鸡蛋1个。

【调料】海苔粉5克。

【做法】

1.细挂面煮熟，盛到碗里；南瓜洗净，去皮，蒸熟后用汤匙捣烂。

2.鸡蛋煮熟，取出蛋黄，捣成泥。

3.将南瓜泥与蛋黄泥倒入挂面中，搅拌均匀，撒上海苔粉即成。

✳感冒时的饮食原则

维持宝宝适当的水分与足够的营养，是对付疾病的最好方法。这不仅是宝宝本来就旺盛的代谢所需，也是维持正常体重的一个条件。

当咽喉感染时，宝宝会因咽喉红肿疼痛而不肯喝奶、吃东西，甚至连喝水的量、小便的量也减少许多。这时可给予口服电解质液或者使用静脉点滴，适当补充水分，可以有效改善情况。

如果宝宝因发热有恶心、呕吐、厌食、腹胀、腹泻等显著不适情形时，可暂时喂食清淡、流质食物，等状况改善后采用半流质饮食，少量多餐。

如果宝宝食欲不佳造成摄取量不足、体重明显减轻时，则需要增加热量、蛋白质与维生素、矿物质的摄取。

禁食油腻食物，油腻食物不易消化，会使病情加重。

白萝卜生梨汁

【材料】小白萝卜半根，梨半个。

【做法】

1.将小白萝卜洗净去皮，切成细丝。

2.梨洗净，削皮，切成薄片。

3.将小白萝卜丝倒入锅内加清水，大火烧开，转小火炖10分钟左右。

4.加入梨片，继续煮5分钟左右关火，取汁即可。

白萝卜富含维生素C、维生素B$_2$、蛋白质等营养成分，具有止咳润肺、帮助消化等保健作用。

微波炉加热食物，要把握好火候

微波炉加热主要是微波穿透食物，使水分子震动，通过摩擦而产生热量。传统的加热方法因为火候和时间不好掌握，极易造成食物中的维生素大量流失，相比之下微波炉的优势更加明显，在微波炉中加热婴儿配方食品，比用传统方法加热食物破坏的维生素要少。

用微波炉加热婴儿配方食品时要注意，将食品放到微波炉里的时候不要将盖子盖严，时间控制在半分钟以内，千万不能过分加热。

还有就是记得给宝宝食用前要自己试一下温度，以免加热不匀或者没有达到理想温度。

肉末菜粥

【材料】米粥1小碗，里脊肉50克，西芹适量。

【做法】

1.将里脊肉洗净、剁成细末；西芹洗净，取茎秆部分，切碎。

2.炒锅放少许油烧热，加入里脊肉末，大火煸炒3分钟，加入芹菜碎，继续煸炒至熟。

3.锅中加入熬好的米粥，搅拌均匀，煮沸即可。

第 **162** 天
给宝宝示范如何咀嚼

看到别人家的宝宝顺利地接受固体辅食，每次都吃得那么香，而自己家的宝宝却用舌头将食物往外推，做妈妈的会很着急。这里要提醒妈妈们，出现这种情况不用过于担心。到了给宝宝添加固体辅食的月龄，有些宝宝却一直吃不下去，这不是因为宝宝不喜欢吃这种食物，而是因为宝宝还不会咀嚼。

❋ 如何才能让宝宝学会咀嚼呢

妈妈们不用着急，只要做好导师，亲自为宝宝示范如何咀嚼食物，宝宝自然会模仿你的动作，几次下来，宝宝就学会咀嚼了。

方法为：在宝宝拿着固体食物放入口中的同时，妈妈也拿起和宝宝同样的食物，放到嘴里，做出夸张的咀嚼动作，宝宝看到妈妈的样子，自然会去模仿，妈妈不妨多试几次，让宝宝有更多的学习机会。

胡萝卜菠菜粥

【材料】米饭50克，肉汤150毫升，胡萝卜、菠菜各30克。

【做法】

1.将胡萝卜洗净，蒸熟，研磨成泥；菠菜洗净，煮熟切碎。

2.米饭倒入锅中，加水熬煮至黏稠，再倒入肉汤继续熬煮2分钟。

3.加入胡萝卜泥、菠菜碎同煮3分钟。

此粥含有丰富的胡萝卜素、糖、铁、钙、蛋白质和多种维生素，有健脾消食、补肝明目、清热解毒之功效，用于小儿营养不良、便秘、肠胃不适等。

强化食品要选对了

❀ 选对强化食品

妈妈首先要确认选择的强化食品所强化的营养素，正是宝宝所缺乏的。现在，可以选择的强化食品有饼干、面条，也有饮料、米饭、面粉、油等，最好选择一种宝宝更愿意接受的。

❀ 了解强化营养素的量

妈妈还要了解所选择的强化食品的营养素的量，如维生素A的日强化量为500国际单位，维生素D为400国际单位，钙的日强化量为200毫克，铁为4毫克，锌也是4毫克，不可摄入过多。

❀ 强化食品分开吃

当宝宝缺铁同时又缺锌时，一般可先治疗贫血，也就是服用铁剂或强化铁的食品，待不再贫血后，再吃强化锌的食品。如果铁和锌的强化食品一起吃，两者可能会有一定的拮抗作用，互相干扰。

三文鱼肉粥

【材料】粳米30克，三文鱼50克，豌豆、豆腐各25克，鸡蛋1个。

【做法】

1. 三文鱼洗净，切丁；豌豆洗净，放入锅中煮熟；豆腐用开水氽烫后，切丁；鸡蛋打散，搅拌均匀；粳米淘洗干净，浸泡30分钟。

2. 锅中加适量水煮沸，放入粳米，大火煮沸，转小火煮20分钟，放入豌豆、三文鱼丁、豆腐丁，续煮20分钟，大火煮沸后倒入鸡蛋液搅拌均匀即可。

第165天
辅食的营养标准

在给宝宝添加辅食的同时要注意辅食的营养，以保证宝宝的饮食营养均衡，宝宝辅食的营养必须达到以下标准：

必须富含维生素和矿物质，特别是保持正常身体功能所需的维生素、铁和钙质等。这类辅食主要包括蔬菜、水果、菇类等。

必须含有碳水化合物，这是为身体提供热量的主要来源。这类辅食主要包括米、面包、面类、淀粉类及芋类等。

必须含有蛋白质，特别是要含有身体成长所需的必要蛋白质。这类辅食主要包括肉、鱼、蛋、乳制品、大豆制品等。

西蓝花粥

【材料】西蓝花100克，米粥1小碗。

【做法】

1.将西蓝花洗净，掰成小块，放入沸水中煮5分钟后切碎。

2.米粥倒入锅中，中火煮开，加入西蓝花末煮5分钟。

果汁面包粥

【材料】吐司切片面包1片，苹果半个，温开水半杯。

【做法】

1.将面包片撕成小块，放入碗里；苹果洗净，去皮，切块，榨汁。

2.锅中加温开水煮沸，加入面包块和苹果汁，转小火熬煮2分钟。

共同进食，让宝宝爱上吃饭

妈妈应该逐渐诱导宝宝定时进食。可以把宝宝进食的时间安排在大人吃饭时或饭后，大人的进餐过程可以增加宝宝的食欲，有了大人进食做铺垫，再喂饭就会容易很多。一同进餐时，大人可从宝宝的碗内取点儿食物吃，可以加强宝宝的进食兴趣。宝宝不喜欢吃"独食"，共同进餐时，宝宝有可能会对大人吃饭的反应比较强烈，希望参与，不要因此就主动给他品尝大人的食物，导致宝宝味觉过早发育，影响对辅食的接受度。

添加辅食后妈妈还要注意以下问题：给宝宝吃饭时不要用玩具、动画片等作为诱导；如果其他家人没有同时进食，那么就要远离宝宝进食场所，以免干扰进食。

红枣蛋黄泥

【材料】红枣5颗，鸡蛋1个。

【做法】

1.红枣洗净，中火煮20分钟后去皮去核碾成泥。

2.鸡蛋煮熟取出蛋黄，置于小碗里，用汤匙碾成蛋黄泥。

3.鸡蛋黄中加入红枣泥，搅拌均匀即可。

栗子粉粥

【材料】栗子5个，粳米50克。

【做法】

1.栗子煮熟，取出栗仁，置于研磨碗中磨碎；粳米淘洗干净，浸泡半小时。

2.将泡好的粳米倒入锅中，大火煮开转小火煮30分钟，加入栗子碎，搅拌均匀，再次用小火煮开即成。

开始添加固体食物

✿ 有利于乳牙萌出

宝宝嘴里的唾液分泌增加了，其中的淀粉酶可以消化固体食物。这时就可以给宝宝吃条形饼干，或将馒头切成条状烤脆，让宝宝拿着吃。

开始吃固体食物时，宝宝会将固体食物用唾液泡软然后下咽。一段时间以后，就能用牙龈咀嚼了。个别婴儿到5个月时会出下门牙，多数婴儿要在6～7个月时才萌出。咀嚼固体食物，有助于牙龈逐渐强壮，对乳牙更快萌出有利。

✿ 有利于咀嚼能力的发展

进食固体食物，还能使宝宝养成进食此类食物的习惯，这是宝宝发育的要求。如果在此期间仍不断地以糊状物充饥，就会降低宝宝咀嚼能力和通过咀嚼促进唾液分泌的能力，将来再吃固体食物就会因唾液分泌不足而难以下咽，使宝宝不愿意接受固体食物而影响宝宝的身体发育。所以，这期间一定要让宝宝吃固体食物，以免错过机会。

西蓝花煮豆腐

【材料】嫩豆腐50克，西蓝花50克，番茄半个，海带清汤300毫升。

【做法】

1.西蓝花掰成小朵，洗净煮熟，切碎；番茄洗净，烫去皮，切碎。

2.嫩豆腐洗净，在沸水中煮5分钟后切碎。

3.将西蓝花碎、番茄碎、嫩豆腐碎加入海带清汤中，大火煮沸搅拌均匀即可。

让宝宝接触肉类食物

宝宝开始显露出"杂食小动物"的本性，他们会喜欢迷人的肉香。因此，如果在食谱中逐步引入鸡肉、鱼肉、鸡肝、虾肉、猪肉等动物性食物是再合适不过的了。鱼泥、鸡肉泥的纤维细，蛋白质含量高，特别是鱼肉含有较多不饱和脂肪、铁和钙，海鱼中的碘含量也很高。适时添加肉类，无论从营养上还是口味上，都能带给宝宝全新的感觉。

给宝宝添加固体食物时，宝宝喜欢自己拿着吃，妈妈不要阻拦，这个过程对手眼协调及抓握能力的发育有好处。但要做好监督，以免发生呛噎的危险。

鸡肉南瓜泥

【材料】南瓜1小块，鸡胸肉50克，海米适量。

【做法】

1.南瓜洗净去皮，与鸡胸肉、海米分别切成末。

2.南瓜末倒入锅中，加少许水，中火煮5分钟，再加入鸡肉末继续煮10分钟。

3.再把海米末加入锅中，边熬煮边搅拌，5分钟后熄火即可。

鱼肉泥

【材料】鱼肉250克。

【做法】

1.锅中加水，煮沸，加入洗净的鱼肉，氽烫半分钟捞出，沥水。

2.给鱼肉剥去鱼皮，挑净鱼刺，在研磨碗中磨成鱼泥。

3.锅中加适量水煮沸，将鱼肉放入锅里，中火熬10分钟，至鱼肉软烂即可。

常吃加锌餐，宝宝吃饭香

✽ 缺锌的症状

锌是人体必需的微量元素，参与人体内许多酶的组成，与DNA、RNA和蛋白质的合成有密切的关系。宝宝缺锌会引起严重的后果，不仅会导致生长发育的停滞，而且会影响宝宝智力和性器官的发育。

缺锌的症状有以下几种：

厌食，吃饭没有胃口；

异食，经常吃一些奇怪的东西，例如玻璃、土块等；

生长停滞；

头发枯黄、稀疏或脱落，消化功能差，经常口腔溃疡；

体质虚弱，动不动就爱生病。

✽ 如何补锌

多食用含锌丰富的食物，如黄豆、玉米、坚果、蘑菇、土豆、南瓜、白菜、萝卜、瘦肉、鸡蛋、动物肝脏、牡蛎、鲜鱼等。而且动物性食物含锌量高于植物性食物，吸收利用率也高，可以搭配植物性食物，给宝宝做补锌餐。母乳中锌的生物效能比牛奶高，因此，母乳喂养是预防缺锌的好途径。如母乳不足，可喂一些含锌乳品。平时应注意培养宝宝良好的饮食习惯，不挑食，不偏食，多样化饮食。

淡菜瘦肉粥

【材料】淡菜50克，猪瘦肉50克，干贝5粒，粳米50克。

【做法】

1.将淡菜、干贝洗净，用水浸泡12小时，捞出切碎。

2.猪瘦肉洗净，切末；粳米淘洗干净，放入清水中浸泡1小时。

3.锅中加水，大火烧开，加入粳米、淡菜碎、干贝碎、猪瘦肉末，煮沸后转小火，熬煮半小时左右至粥烂熟，关火即成。

第172天
给宝宝吃时令食材

添加辅食的目的之一是为了宝宝更好地成长，以使宝宝的饮食结构逐渐接近成人。虽然这个"逐渐"接近成人的过程需要1~2年的时间，但目前就应该开始有所考虑。"吃饱"只是喂养的目的之一，"吃好"才是最重要的。判断孩子是否吃好，要看宝宝的生长情况如何。

这可以通过婴幼儿生长发育曲线表来判断：利用生长曲线连续观察宝宝的身高、体重等生长指标，了解生长变化过程。如果宝宝的生长正常，就不要总是纠结大便颜色和次数、出汗多少、比其他宝宝瘦、没有某些宝宝胃口大等现象了。

番茄猪肝汤

【材料】猪肝50克，番茄半个。

【做法】

1. 猪肝冲洗干净，切碎；番茄洗净，用开水烫去皮，切碎。

2. 锅中加水，倒入猪肝，加适量水大火煮沸，转小火煮10分钟。

3. 加入番茄，搅拌均匀煮沸即成。

肝泥白菜粥

【材料】猪肝50克，白菜嫩叶30克，粳米30克。

【做法】

1. 将猪肝洗净，切成片，用开水焯一下，剁成泥；将白菜嫩叶洗净，切细丝。

2. 锅中放少量油中火烧热，下猪肝泥煸炒，加水烧开。

3. 粳米洗净，倒入锅中，大火煮沸，转小火煮半小时左右至熟烂。

4. 锅中加入白菜嫩叶丝，煮沸后继续煮1分钟即成。

猪肝是含铁质较为丰富的动物性食物，动物性食物中的营养成分更有利于人体的吸收。此粥可健脾补血，适用于贫血症状较轻的宝宝。

四季辅食食材

为了宝宝身体健康，妈妈在添加辅食时，最好选用时令材料制作辅食。下面列出一年中各个月份可用于辅食制作的食材。

12月至第2年2月：橘子、柠檬、苹果、香蕉、橙子、核桃、糯米、红薯、南瓜、胡萝卜、萝卜、西蓝花、菠菜、菜花、鲽鱼、牡蛎、紫菜、梭子鱼、海带、大头鱼、对虾、干银鱼、裙带菜、鲅鱼、鲍鱼、鲱鱼。

3～5月：草莓、杏、李子、菠萝、豌豆、菠菜、卷心菜、黄瓜、水萝卜、青花鱼、扇贝、蛤蜊、冰鱼脯、虾、墨鱼、黄花鱼。

6～8月：玉米、李子、甜瓜、西瓜、葡萄、豌豆、茄子、土豆、南瓜、韭菜、茭瓜、黄瓜、甜椒、干银鱼、鲳鱼、鲅鱼、虾、墨鱼、鲍鱼。

9～11月：柿子、大枣、栗子、梨、苹果、银杏、核桃、糙米、红薯、萝卜、白菜、蘑菇、南瓜、青花鱼、大头鱼、扇贝、虾、大马哈鱼、墨鱼、鲱鱼。

南瓜粳米粥

【材料】粳米50克，南瓜100克，配方奶150毫升。

【做法】

1.南瓜洗净，去皮切块，蒸熟。

2.粳米淘洗干净，放入锅中加水熬煮30分钟。

3.将蒸熟的南瓜加入米粥中，再加入配方奶，搅拌均匀即成。

出牙不适调养餐

宝宝以口唇接触感知世界，因此，妈妈不妨为宝宝提供稍微硬一点儿的食物（把好消毒这道关）。

部分宝宝在出牙期会有反常表现，如哭闹、吭哧、呕吐，有时甚至是发热、咳嗽等，体质差、抵抗力弱的宝宝反应会更强烈。很多妈妈会忽略以上不适问题是出牙不适导致的，反而会从生病的角度去应对。

这个时候要给宝宝提供磨牙食物，比如黄瓜条、熟萝卜条、熟豌豆、去核硬大枣、大葱、粗粮饼等。这些食物不但可以刺激宝宝的味觉，磨薄阻挡出牙的口腔黏膜和肌肉组织，帮助快速出牙，还有助于缓解宝宝牙龈的痒感。此外，对大脑的发育也有好处。

芝麻花生糊

【材料】黑芝麻100克，花生仁（连衣）100克。

【做法】

1.将黑芝麻洗净，倒入炒锅中，用小火加热翻炒至出香味，关火盛出，在研磨碗中磨成末。

2.花生仁洗净，放入炒锅中炒熟，也研成粉末。

3.花生仁末与黑芝麻末各取30克左右，加入适量开水搅拌，调成糊状即成。

大蒜粥

【材料】粳米50克，大蒜4~6瓣。

【做法】

1.锅中加适量水煮沸，将淘洗干净的粳米放入锅中，大火煮沸。

2.蒜瓣洗净切片，放入锅中，转小火熬煮30分钟即可。

从现在开始，预防肥胖

蛋白质摄入过多是引起肥胖的原因之一，蛋白质过多会刺激体内胰岛素和胰岛素样生长因子−1分泌增多，早期促进婴幼儿身高、体重增长，也刺激了脂肪细胞分化过度，形成成人肥胖基础。妈妈要保证给宝宝准备的辅食中蛋白质食物（鸡蛋、肉）等不要超过1/4。另外，不要轻易给宝宝补充"蛋白粉"。

宝宝在婴儿期要多摄入富含营养和纤维、降低能量的食物，如水果和蔬菜；同时降低炸薯条和甜点等食物的摄入量，可以预防肥胖。这个阶段形成偏好蔬菜与水果的饮食习惯，会是终生的，最终会有利于控制体重。

菠菜番茄汤

【材料】菠菜叶100克，番茄半个。

【做法】

1.将菠菜叶洗净，切碎；番茄用开水烫过，去皮，切丁。

2.锅中加水，大火烧开，将菠菜叶碎和番茄丁一起放入锅中煮5分钟即可。

冬瓜汤

【材料】冬瓜50克，猪骨高汤100毫升，菠菜叶1片，番茄小半个。

【做法】

1.冬瓜洗净，去皮去瓤，切薄片。

2.高汤倒入锅中，加适量水，放入冬瓜薄片，大火煮沸后转小火慢炖15分钟。

3.菠菜叶、番茄洗净，分别切碎，加入冬瓜汤中，再次煮沸即可。

冬瓜含有多种维生素和矿物质，营养价值很高，它不仅可以给发育中的宝宝提供足够的营养，也很适合哺乳期的妈妈食用。

缤纷杂菜蓉

【材料】红薯、胡萝卜、南瓜各50克，配方奶200毫升。

【做法】

1.将胡萝卜、红薯、南瓜洗净，去皮，切块，蒸熟后分别压成泥。

2.将胡萝卜泥、红薯泥、南瓜泥盛入同一小碗中，混合均匀，倒入配方奶，搅拌均匀即可。

此菜蓉含有丰富的维生素、蛋白质、钙等营养物质，给婴儿成长提供较全面的营养。

鱼肉的选购与处理

❉ 如何选购鱼肉

给宝宝选购鱼肉时应注意：肉质要有弹性、鱼鳃呈淡红色或鲜红色、眼球微凸且黑白清晰、外观完整、鳞片无脱落、无腥臭味等。罗非鱼、银鱼、鳕鱼、青鱼、鲶鱼、黄花鱼、比目鱼、马面鱼等鱼肉中几乎没有小刺，很适合宝宝吃。

鲈鱼、鲢鱼、胖头鱼、武昌鱼的鱼腹肉没有小刺，也可以给宝宝吃。

❉ 鱼肉巧烹调

鱼肉的烹调方法有很多种，妈妈可以从节省时间或方便制作等角度出发，进行很多尝试，比如自己动手做鱼泥。选用刺少的鱼，去头尾取中段，去皮和中央骨，用斩砸的刀法把鱼肉剁得极细，用手摊开看不到颗粒，似泥一样，这就是鱼泥（也叫鱼蓉）；还可以按照购买的瓶装鱼泥的配方进行炖、炒、煮，也可添加各种蔬菜泥烹饪，配制更多口味的鱼泥给宝宝吃。一般来说，鱼肉买回家后最好采用清蒸或烤的方式，避免油炸，以最大限度地保留营养。

白肉鱼泥

【材料】鲤鱼200克，白萝卜50克，胡萝卜50克。

【做法】

1.将鲤鱼肉洗净，在开水中汆烫，去皮及骨后，置于研磨碗中磨成泥；白萝卜、胡萝卜洗净，去皮，切碎。

2.将白萝卜碎、胡萝卜碎倒入锅中，加水，大火煮开。

3.锅中加入鱼泥，小火煮20分钟左右至黏稠状。

鲤鱼的蛋白质不但含量高，而且质量也佳，人体消化吸收率可达96%，并能供给人体必需的氨基酸、矿物质、维生素A和维生素D。

第**5**章 7个月
逐渐增加辅食种类

7个月的宝宝

与之前的快速增长相比，这个月起宝宝体格生长开始放缓，但他的动作及智力水平却提

高很快。头、身体、躯干完全伸直。大多数宝宝此时能够坐稳不摔倒了。

第 **7** 个月

7个月宝宝喂养要点

7个月左右的宝宝，开始用手指抓取任何他看到的东西，然后把它放入口中，这表示可以给宝宝喂食新的食物了。此时，宝宝还会用手抓住喂食的汤匙，并且开始模仿成人的咀嚼动作，左右移动上下颚。但由于他还没有完全长出牙齿来咀嚼食物，所以最好还是以糊状的食物为主，如马铃薯泥、胡萝卜泥、麦片粥等。

7个月宝宝喂养指导

具体喂法上仍然坚持母乳或配方奶为主，但喂哺顺序与以前相反，先喂辅食，再哺乳，而且推荐采用主辅混合的新方式，为断母乳做准备。

母乳喂养的宝宝，可以改为每日4次母乳，上午6时，下午2时、6时，晚10时。

大部分宝宝在这个月开始出牙，在喂食的类别上，可以开始以谷物类为主食，配上蛋黄、鱼肉或肉泥，以及碎菜或胡萝卜泥等做成的辅食。以此为原则，在制作方法上要经常变换花样，并搭配各种应季水果。

从现在开始可以给宝宝添加肉食了，肉类储存有丰富的铁质，正好满足宝宝对铁质的需求。牛肉与鸡肉富含铁，可以一次性切好一定的量分成恰当的份，之后每次熬粥时加入适量的肉。要去掉油和肉筋，只用瘦肉烹食。

辅食每天增加到2次

要让宝宝养成每天有规律地吃两餐辅食的饮食习惯。上午10点一次，喂粥或菜泥；根据婴儿情况在下午2点或下午6点喂食一次，温开水、果汁、菜汁等要交替供给，每次110毫升。

注意每天要以同一时间喂食为原则，这样才能有助于宝宝在今后养成良好的饮食习惯。

辅食制作可以很简单

❋植物性食材处理方法

蔬菜泥、菜汁、果泥，容易氧化变质，必须现吃现做，所以要把握住量，一次不要做得过多造成浪费。

❋动物性食材处理方法

肉泥、鱼泥、虾泥和粥，可以在做大人饭时一起做，放盐之前取出材料加工即可。虾泥、肉泥、粥等可以冷藏，可以一次做2天的量，吃的时候彻底加热。

❋配汤的处理方法

常用的高汤，可一次多熬一些，分成小份冷冻起来，随用随取，一次可以做一周的量，注意在盒子上标注制作日期，尽量在短时间内用完。

三色肝末

【材料】猪肝100克，胡萝卜半根，番茄半个，菠菜50克，高汤300毫升。

【做法】

1.将猪肝洗净，切碎；胡萝卜洗净，切碎；番茄用开水烫一下，去皮切碎；菠菜洗净，用开水烫一下，切碎。

2.锅中倒入高汤，大火煮开，将切碎的猪肝、胡萝卜放入锅内，再次煮开后转小火熬煮20分钟左右。

3.加入番茄碎、菠菜碎，再次煮沸即成。

第182天
适合宝宝食用的植物油

许多食品看起来不油，事实上其脂肪含量却不低。帮宝宝准备食品时，妈妈要谨记少油、少盐、少糖、高纤维4大原则。

✳ 山茶籽油

富含单不饱和脂肪酸以及独特的生物活性成分角鲨烯、茶多酚等物质，可以提高宝宝的免疫力，增强胃肠道的消化功能，促进钙的吸收，对处于生长期的宝宝尤其重要。

✳ 花生油

花生油中微量元素锌的含量是食用油类中最高的，具有预防宝宝发育不良、智力缺陷等疾病的功能。

✳ 葵花籽油

葵花籽油中亚油酸的含量与维生素E的含量比例均衡，亚油酸在血管中起"清道夫"的作用，而维生素E则有助于宝宝的健康发育，具有治疗失眠、增强记忆力等健脑益智的功效。

✳ 豆油

豆油富含卵磷脂，可以增强脑细胞，帮助维持脑细胞的结构，增强记忆力，并有益于宝宝的神经、大脑和血管的生长发育。

✳ 橄榄油

橄榄油是迄今所发现的油脂中最适合人体营养的，具有极高的营养价值；而且由于橄榄油在生产过程中未经过任何化学处理，其天然的营养成分保存得非常完好，因此非常适合宝宝食用。

第183天
植物油食用提示

✳0~4个月

该阶段的宝宝尚未开始添加辅食，其营养所需全部来自母乳或配方奶，所以不需要食用油。

✳4~12个月

该阶段的宝宝虽然已经开始尝试辅食，但由于其肠胃道的功能尚未发育完全，仍不需要刻意添加食用油。烹调方法以蒸、煮等不加油的方式为主。但对体重不增、营养不良的宝宝，只要肠道功能正常，可以在辅食添加过程中每天适当补充2克～5克植物油。

肉饼蒸蛋

【材料】鸡蛋1个，猪肉末50克，芹菜末少许。

【调料】婴儿酱油少许。

【做法】

1.肉末和芹菜末混合，加少许婴儿酱油；盛入盘中，用勺子将肉饼整理成形，中间低、四周高。

2.将鸡蛋打入肉饼的凹陷处。

3.放入蒸锅隔水蒸熟即可。

洋葱糊

【材料】洋葱100克，面粉50克，肉汤半杯。

【做法】

1.将洋葱洗净切碎，置于小碗里。

2.起油锅，大火炝炒洋葱碎3分钟，当洋葱碎炒至透明时撒入面粉，转中火继续炒5分钟后倒入肉汤，搅拌均匀，再次煮沸后熄火即可。

第184天
少吃主食蘸菜汤

很多妈妈因为大人的菜不适合宝宝食用，就会给宝宝一些馒头蘸着成人炒菜的菜汤吃，其实这是走入了喂养误区。菜汤中不仅营养不足，而且有过多的盐和油，这种吃法会让宝宝逐渐吃惯了咸味，就会更加喜欢口味重的食品，不利于宝宝养成好的饮食习惯，并为潜在的成人疾病埋下隐患。

要掌握一定的食物制作技巧和营养知识，为宝宝专门加工烹制食物，多采用蒸、煮、炖、煨，不宜采用油炸、烤、烙等方式。口味以清淡为好，不用或少用调味品、不要过咸，更不要让宝宝食用辛辣刺激性食物，多选用深绿色、红黄色蔬菜和水果，做到色、香、味俱全，从感官上就能吸引宝宝的兴趣。

绿豆山药粥

【材料】山药150克，绿豆30克，粳米100克。

【做法】

1.将山药洗净，刮去外皮，切碎后置于研磨碗中，碾成糊状。

2.绿豆洗净，温水浸泡30分钟；粳米淘洗干净。

3.将绿豆与粳米一起倒入锅中，加水，大火煮开转小火熬30分钟。

4.锅中加入山药糊，搅拌均匀，煮10分钟即可。

宝宝总流口水，要多用勺子

喂饭时，大人不要用嘴边吹边喂，更不要先在自己的嘴里咀嚼后再吐喂给宝宝。这种做法极不卫生，很容易把疾病传染给宝宝。

流口水是婴儿期很常见的现象。分布在口腔里的唾液腺，24小时都在分泌唾液，俗称口水。成人吞咽功能发育健全，能随时把唾液咽下去。宝宝爱流口水主要有两个原因：

一是出牙期刺激：宝宝在5个月左右开始出牙，会刺激口腔分泌唾液，口水相应增多。这个时期流口水是每个宝宝都会经历的。一旦牙齿出来了，口水就会减少。

二是咀嚼功能发育落后：6个月到1岁是宝宝锻炼咀嚼的最佳时期，咀嚼功能发育正常的宝宝，吞咽能力强，不易流口水。如果超过1岁还总流口水，说明咀嚼功能发育没跟上。

妈妈要反省自己的喂养方式，是不是总给宝宝吃很软的糊状食物。专家建议，6个月后要多给宝宝吃一些块状的、较硬的食物。同时，可以将咀嚼、吞咽等动作夸张地做给宝宝看，让他模仿。此外，让宝宝口腔多接触勺子，也能有效锻炼咀嚼能力。

饼干粥

【**材料**】白米粥50克，婴儿饼干2块。

【**做法**】

1.取煮得略稀的白米粥，盛入碗内。

2.把饼干放入粥中，用汤匙碾碎，搅拌均匀即可。

使用水杯喝水是宝宝自理能力提高进程中的一个坎。在宝宝能够自己握着奶瓶喝奶后，就可以训练宝宝握着水杯喝水了。虽然宝宝迟早会自己喝水，但早一些接触，也是对宝宝手眼协调及握持能力的训练。

最好在宝宝6个月大的时候开始尝试让他用水杯喝水。可以先在杯子里放少量温开水，让宝宝双手端着杯子，大人再帮助他往嘴里送，要注意让他一口一口地慢慢喝。当宝宝拿杯子较稳时，可逐渐放手，让他自己端着杯子往嘴里送，杯子中的水要由少到多。8个月时，大多数宝宝就能独立用杯子喝水了。

三鲜豆腐脑

【材料】虾仁5只，鸡肉100克，香菇2朵，豆腐脑100克，鸡蛋1个（取蛋清），高汤300毫升。

【调料】淀粉5克。

【做法】

1.虾仁洗净，除去虾线，剁碎，拌入蛋清和淀粉。

2.鸡肉去皮，剁碎；香菇泡软洗净，切碎。

3.高汤倒入锅中，烧沸，加入拌好的虾仁碎、鸡肉碎和香菇碎，大火煮沸后，转小火熬煮10分钟后，慢慢滑入豆腐脑，小火煮5分钟。

第 **189** 天
选择合适的水杯

❋能高温消毒

现在的学饮杯基本采用PP、硅胶、矽胶等材料制成，材质安全无毒且耐摔打，无须担心宝宝打碎杯子伤到自己。购买时注意观察可否机洗、可否高温消毒、是否有以下标注：

❋有刻度

为方便冲调奶粉，最好选择有刻度的。

❋有把手

为宝宝挑选水杯的时候，要考虑两个因素：便于吸吮；不易洒漏。现在，宝宝已经具备了一定的抓握能力，却还停留在吮吸阶段，还不会"喝"，要让他们从吮吸转向喝，首先要训练他们将杯子递送到嘴边的准确度。有把手的奶瓶、水杯就能达到这个目的。

橙汁拌嫩豆腐

【材料】嫩豆腐100克，鲜橙半个。

【调料】水淀粉20克。

【做法】

1.嫩豆腐洗净，放入开水中煮3分钟后捞出，盛入小碗内。

2.橙子洗净，去皮、切块，用榨汁机榨汁过滤。

3.将橙汁倒入锅中，加入适量清水，烧开后，倒入水淀粉，继续用中火煮3分钟左右，要不停搅拌以防止结块。

4.将煮好的橙汁倒入盛嫩豆腐的小碗中拌匀即可。

自制肉松

制作肉松要选用猪后臀尖，后臀尖的瘦肉有七八分，做出的肉松口感会很酥脆，而且不会发柴。

取用300克猪后臀尖，切成长5厘米、宽3厘米的块，加水用中火煮，水烧开后撇去表层浮沫，加盖慢炖半小时。肉块八成熟时，用筷子轻轻扎进肉中能很容易拔出，此时要将煮熟的肉块取出，自然凉凉后放入保鲜袋中，用擀面杖压碎。将肉末放在大碗里，用叉子将肉叉松，放入食锅中加少量油炒干，出现毛茸茸的肉丝即可。

肉块一定要煮够火候，凉后应该很酥烂一压就碎，否则炒出来的肉松会很干，也不会出现毛茸茸的样子。

妈妈可能会担心这样制作出来的肉松中油脂会过量。其实，那些肥肉经过长时间煮、翻炒，多余的油脂其实已经没有了。如果一味选用纯瘦肉来做，炒的过程中很容易煳锅，反而需要添加很多油，最后肉松会很干，不疏松。

肉泥米粉

【材料】瘦里脊肉50克，米粉100克。

【做法】

1. 猪肉洗净，剁成泥，置于小碗内。

2. 米粉加入肉泥中，加入适量水搅拌均匀，放入蒸锅，隔水中火蒸8分钟。

米粉富含磷酸钙、葡萄糖酸铁、葡萄糖酸锌、碘、维生素A、维生素D$_3$、B族维生素等营养素，与猪瘦肉搭配，营养更加倍。

一般从初期断奶的后半时期（6个月）开始，慢慢地应锻炼1天喂2餐辅食。所以，进入中期断奶时期之后（6个半月后），最好养成每天规律地吃2顿的饮食习惯。这样，到第8个月后半期时，就可以慢慢地试图一天内喂3次辅食了。

喂辅食的时间跟初期一样，最好在喝奶的时候。上午选在10点喂1次，下午根据宝宝的情况可以在2点喂或6点喂。如果一天喂3次，则上午10点，下午2点和6点是最佳时间。注意每天都要以同一时间喂为原则，这样才能有助于宝宝在今后养成良好的饮食习惯。

牛奶木瓜泥

【材料】木瓜100克，配方奶200毫升。

【做法】

1.木瓜洗净，去皮去子，切成块，放在碟子里，隔水蒸8分钟。

2.将蒸好的木瓜凉凉，用汤匙压成木瓜泥，拌入配方奶搅拌均匀即可。

木瓜含有一种特殊成分——木瓜蛋白酶，可以帮助人体消化蛋白质。木瓜对于宝宝肠胃消化吸收很有帮助。此外，木瓜的膳食纤维含量多，治疗胀气疗效很好。木瓜泥不要有颗粒，最好入口即化。

辅食可以提高宝宝对奶的吸收率

有些妈妈仅仅从营养角度出发，认为米粉等辅食不如母乳或配方奶好，因此，对辅食添加并不十分积极。

其实，宝宝超过4个月后，对营养的需求增加了很多，同时宝宝的胃肠蠕动加快，流质的母乳或配方奶粉在胃肠内存留时间就会逐渐缩短，致使营养吸收率逐渐下降。辅食不仅本身可以及时提供丰富的营养，还可增加母乳或配方奶粉在婴儿胃肠存留的时间，这样就能提高婴儿对母乳或配方奶的吸收率。

辅食添加对婴儿的生长发育也有相当重要的作用。

紫甘蓝米粉

【材料】紫甘蓝半棵，婴儿米粉适量。

【做法】

1.紫甘蓝切开，剥掉外面几层不够新鲜的菜叶，切掉根部，一层一层地剥开、洗净。

2.锅中烧开水，放入紫甘蓝片，焯水3分钟左右，捞出冲水，控水备用。放入辅食机中打成泥糊状。

3.米粉冲调好，加入1勺紫甘蓝泥，搅拌均匀即可。

番茄猪肝泥

【材料】番茄1个，鲜猪肝100克。

【做法】

1.将鲜猪肝洗净，去筋，切碎；番茄洗净，用开水烫去皮，捣成泥。

2.把猪肝泥和番茄泥置于一个小碗内，搅拌均匀，放入笼蒸，隔水蒸10分钟。

从细节出发，培养进餐好习惯

用餐不仅仅是个吃的过程，让宝宝目睹餐前准备、餐桌布置，以及吃饭之后收拾饭桌、洗刷餐具都可以是日常教育的一部分，这会让他逐渐认识到父母为此付出的劳动以及食物的神奇变化，引发宝宝参与家务劳动的兴趣与责任感。

在一起进餐时，妈妈可以分解一些复杂的动作，让他看清楚每一步：怎样落座、怎样从椅子上站起来，怎样使用筷子等。虽然宝宝还小，距离学会这些行为还很远，但妈妈的这些动作会对他起到熏陶作用。

用餐前后的洗手、用餐中的礼貌和语言也是宝宝学习和模仿的内容。

芋头玉米糊

【材料】芋头2个，玉米粒100克。

【做法】

1. 芋头去皮洗净，切成块状，煮熟备用。

2. 玉米粒洗净，煮熟后放入榨汁机中，加温开水，打成玉米浆。

3. 用勺子将芋头块压成泥状，倒入玉米浆中，拌匀即可。

第 197 天
少用彩色餐具

尽量避免给宝宝使用彩色餐具，彩色餐具和绘有图案的餐具所采用的颜料，对婴儿身体是有危害的。如陶瓷器皿中添加的颜料和瓷器内绘图所采用的颜料，都含有大量的铅及其他有害成分，且酸性食物可以把图案中的铅溶解出来，与食物同食会进入儿童体内。而那些涂漆的筷子，不仅可以使铅溶解在食物当中，而且剥落的漆块可直接进入消化道。要知道，儿童吸收铅的速度要比成人快6倍。如果儿童体内含铅量过高，会影响儿童的智力发育。

香菜肉末粥

【材料】猪里脊肉50克，粳米30克，香菜20克。

【做法】

1.猪里脊肉剁成肉末；粳米淘洗干净，浸泡30分钟；香菜洗净，切碎。

2.炒锅烧热，不放油，放入猪里脊肉末炒至变色，盛出。

3.锅中放入适量水烧沸，放入粳米，大火煮开，再转小火煮20分钟，把肉末放入粥里，开大火，用汤勺划散肉末，煮开后，放入切碎的香菜，煮至香菜断生即可。

鱼泥豆腐

【材料】三文鱼150克，豆腐100克。

【调料】香油1滴，水淀粉5克。

【做法】

1.三文鱼洗净，剁成泥，拌入少许淀粉；豆腐洗净，切大块。

2.将拌好的三文鱼泥放在切好的豆腐块上，铺匀，放入蒸锅，隔水大火蒸8分钟，滴入香油即可。

三文鱼富含蛋白质、钙、磷、铁等，并含有十分丰富的硒、碘、锰、铜等微量元素，对宝宝的生长发育有利。

第198天
夏季辅食添加要点

❋勤喂水

夏天气温高，出汗多，宝宝对水分的需要量明显增加。一般情况下，可2小时喂一次水，如发现嘴唇干、尿少时，可适当多喂些水。不要喂各种饮料，凉开水最好。4个月以内的婴儿不宜喂冷饮。

❋不宜断奶

由于天气炎热，婴儿的消化液分泌减少，食欲降低，这是正常现象，不必担心。这一时期不宜给婴幼儿断奶，因为母乳中含有多种能够防病的抗体，可预防夏季流行性腹泻和消化不良等疾病的发生。

❋调整膳食结构

应当随时调整婴儿的膳食结构，减少肉类摄入量，多吃些清淡可口的食物，注意食物的色、香、味，合理搭配，以增强其食欲。主食可多食粥类，例如大米粥、赤小豆粥、绿豆粥、荷叶粥、扁豆粥等。孩子喜欢吃凉拌蔬菜，为了保证卫生，蔬菜必须加热后凉拌。制作菜肴时可加适量的青蒜和醋，可增进食欲，帮助消化。

冰糖炖梨

【材料】鸭梨1个，冰糖10克。
【做法】将鸭梨洗净，去皮，切小块，放入冰糖隔水蒸熟即可。

第 **199** 天

接种疫苗前后，要进行饮食调养

虽然疫苗接种成功后可以获得免疫力，但过滤性病毒会潜伏在体内，日后会导致其他并发症。为避免后患，接种过程中应小心饮食，将病毒彻底消灭。接种前后应给予高热量、易消化、清淡、爽口的饮食，忌吃燥热和滋补性的食物，以免引起发热。退热是以发汗、泄热的形式来实现的，这个过程中宝宝会丢失大量水分和盐分，因此，在接种疫苗前后，首先要注意给宝宝补水，其次是要补充维生素与矿物质，最后才是供给适量的热量及蛋白质，且饮食应以流质、半流质为主。

接种疫苗以后的3天内，要多喝些粥，还可以吃些清淡的食物，比如菜汤。

鸡肉南瓜泥

【材料】南瓜1小块，鸡胸肉50克，海米适量。

【做法】

1.南瓜洗净去皮，与鸡胸肉、海米分别切成末。

2.南瓜末倒入锅中，加少许水，中火煮5分钟，再加入鸡肉末继续煮10分钟。

3.把海米加入锅中，边熬煮边搅拌，5分钟后熄火即可。

选错辅食，会导致偏食

宝宝很多挑食、偏食的坏习惯是从妈妈喂辅食时形成的。

宝宝从出生时起，尝到甜味时表情比较放松，一副十分享受的样子；当尝到酸味时，他们的嘴唇缩紧，表情古怪；当尝到苦味时，他们会张开嘴，做出看起来十分痛苦的模样。宝宝从4个月时开始喜欢咸味。

对不同味道的食物产生不同的反应，与以后宝宝的饮食习惯是紧密相关的。因为偏食就是对某些口味过于偏爱，对另外一些食物和味道非常排斥。

如果妈妈在早期给宝宝品尝的食物种类很多，他以后就乐于接受各种食物。如果给他的食物比较单一，宝宝的味觉发育就可能不够发达，以后接受食物的范围也会比较狭窄，而且不那么愿意接受他从未吃过的食品和味道。特别是有些妈妈，为了宝宝吃得开心，只选宝宝乐意吃的味道和食物，长此以往，宝宝就形成了偏食的习惯。

为了让宝宝的味觉发育更发达，以后不挑食，妈妈在给宝宝添加辅食的过程中就要非常注意选择了。

冬瓜银耳汤

【材料】冬瓜50克，干银耳5克。

【做法】

1.将冬瓜去皮、瓤，切成片状；银耳温水泡发，洗净，撕碎。

2.锅中放入适量水煮沸，将银耳碎和冬瓜片放入，大火煮沸，小火煮至软烂即可。

吃干果，要注意方式

杏仁、松子、榛子等营养都比较独特，适合宝宝吃。杏仁有降气、止咳、平喘、润肠通便的功效；松子含有丰富的维生素A和维生素E，以及人体必需的脂肪酸、油酸、亚油酸和亚麻酸，还含有其他植物所没有的皮诺敛酸；榛子含有不饱和脂肪酸，并富含磷、铁、钾等矿物质。

但吃这些干果时一定要注意方式，可以先碾成末再喂食。建议宝宝在3岁之前都要这样吃，这样既可获得干果的营养，又能避免发生气管异物的风险。特别提示1岁以下的宝宝不要吃花生、榛子等干果，主要是为了预防过敏。稍大些的宝宝可以吃干果，但在宝宝咀嚼时，不要有情绪波动，以免呛入气管发生危险。

蛋黄豌豆糊

【材料】鸡蛋1个，嫩豌豆100克。

【做法】

1.嫩豌豆洗净，煮熟，去皮，置于研磨碗中磨成泥，再将豌豆泥均匀地铺在小瓷盘上。

2.将鸡蛋洗净，煮熟，取出蛋黄，用汤匙碾成蛋黄泥。

3.将蛋黄泥做成有趣的图形贴在豌豆泥上即成。

卵磷脂充足，大脑发育棒

宝宝若缺乏卵磷脂，会影响大脑及神经系统的发育，造成智力发育迟缓、学习能力下降、反应迟钝等。

卵磷脂集中存在于神经系统、血液循环系统、免疫系统及心、肝、肺、肾等重要器官，是人体组织中含量最高的磷脂。卵磷脂对大脑及神经系统的发育起着非常重要的作用，是构成神经组织的重要成分，有"高级神经营养素"的美名。对处于大脑发育关键期的宝宝来说，卵磷脂是非常重要的益智营养素，必须保证有充足的供给。

大豆、蛋黄、核桃、坚果、肉类及动物内脏等食物，都是给宝宝补充卵磷脂的良好食材。大豆制品中含有丰富的大豆卵磷脂，不仅能为宝宝的大脑发育提供营养素，而且会保护宝宝的肝脏。蛋黄中卵磷脂和蛋白质含量都很高，不仅能促进宝宝脑细胞的发育，而且为宝宝身体发育提供了必需的重要营养素。

腰果青豆糊

【材料】腰果50克，青豆100克，土豆半个，配方奶100毫升。

【做法】

1.青豆洗净，沥去水分；土豆洗净，去皮，切小丁。

2.将青豆、土豆丁和腰果放入锅中，加水煮沸，转小火煮30分钟。

3.将配方奶加入锅中，搅拌均匀，所有材料一起凉凉后倒入榨汁机中打成浓汤糊。

看体质，选食材

孩子的体质由先天禀赋和后天调养决定，与生活环境、季节气候、食物、药物、锻炼等因素有关，其中饮食营养是最重要的因素。出生时体质较好的孩子可因喂养不当而使体质变弱，而先天不足的孩子，只要后天喂养得当，也能使其体质增强。以下是小儿体质与相应的饮食调养原则。

寒型： 身体和手脚冰凉，面色苍白，不爱活动，吃饭不香，食生冷物易腹泻，大便溏稀。温养胃脾，宜多食辛甘温之品，如羊肉、鸽肉、牛肉、鸡肉、核桃、龙眼等，忌食寒凉之品，如冰冻饮料、西瓜、冬瓜等。

热型： 形体壮实，面赤唇红，畏热喜凉，口渴多饮，烦躁易怒，大便秘结。以清热为主，宜多食甘淡寒凉的食物，如苦瓜、冬瓜、萝卜、绿豆、芹菜、鸭肉、梨、西瓜等。

虚型： 面色萎黄、少气懒言、神疲乏力、不爱活动、汗多、吃饭少、大便溏或软。气血双补，宜多食羊肉、鸡肉、牛肉、海参、虾蟹、木耳、核桃、桂圆等。忌食苦寒生冷食品，如苦瓜、绿豆等。

湿型： 嗜食肥甘厚腻之品，形体多肥胖、动作迟缓、大便溏烂。以健脾祛湿化痰为主，宜多食高粱、苡仁、扁豆、海带、白萝卜、鲫鱼、冬瓜、橙子等。忌食甜腻酸涩之品，如石榴、蜂蜜、大枣、糯米、冷冻饮料等。

葡萄干土豆泥

【材料】土豆半个，葡萄干20粒。

【做法】

1. 将土豆洗净，去皮，切块，蒸熟后用汤匙碾压成泥。

2. 葡萄干洗净，用温水浸泡半小时，置于研磨碗中磨碎。

3. 将土豆泥与葡萄干碎一同放入容器中，搅拌均匀即可。

第206天

1岁半前，奶是主食

1岁半之前，要以奶为主要食物，如果米粥或其他辅食所占比例增加，影响宝宝奶的摄入量，食物提供的能量大大减少，不利于宝宝的正常生长。实际生活中，妈妈面对一个每次吃完辅食后还想吃的宝宝，很容易把喂养的重点放在辅食的喂养上。

可以依据以下奶喂食量的标准：6个月至1岁期间应保持每天600毫升～800毫升奶；1～1.5岁400毫升～600毫升奶。首先要保证奶的摄入量，不足部分才可以辅食补充。保证奶的摄入量，才是保持营养的基础。

在保证每日奶量的基础上，妈妈还要关注宝宝的生长情况，以此为基础，来决定给宝宝怎样的辅食搭配。

汤面

【材料】龙须面或自制面片30克，蔬菜泥100克。

【做法】

1.锅中加适量水煮沸，放入龙须面或自制面片，煮熟后盛入碗中，用汤匙研碎。

2.将蔬菜泥加入碗中，搅拌均匀即可。

断奶的时间和方式

❈ 断奶时间

为了宝宝的生长发育和妈妈健康的需要，在宝宝8～12个月时断奶是比较合适的。但也要根据具体情况而定，比如说宝宝正在生病，突然把奶换成其他食物，就容易造成宝宝消化不良，并使病情加重。如果是这种情况，应该等宝宝病愈后再断奶。若是妈妈体质不错，而且奶量也一直很充足，宝宝的辅食添加比较晚，则可以稍晚些再断奶。

如果要选择一个断奶季节，春天和秋天比较好。

❈ 断奶方式

正确的断奶方式是从4个月起逐渐给宝宝添加些辅食，如米汤等，逐渐过渡到吃蛋黄、烂面条、菜泥、豆腐等；宝宝长牙以后，可吃点儿饼干、烂饭或面片等，减少哺乳1～2次，使胃肠消化功能逐渐与辅食相适应。10个月后，可以以米面类食物代替主食，奶类为辅食，这样，等到断奶的时候宝宝就适应了。

开始断奶时一定要耐心喂宝宝其他食物，或让宝宝离开妈妈1～2日。千万不要操之过急，以免引起相反的效果。

豌豆糊

【材料】豌豆150克，肉汤100毫升。

【做法】

1.将豌豆洗净，倒入锅中，加水，大火烧开，转小火煮10分钟左右至熟，捞出后置于研磨碗中磨成泥。

2.肉汤加热至40℃左右，倒入豌豆泥中，搅匀即成。

第208天
不喝碳酸饮料

碳酸饮料是在一定条件下充入二氧化碳气体的饮品。

长期喝碳酸饮料不仅能使人变胖，还会伤害到肠胃，使大量的钙流失，尤其是正在生长发育的婴幼儿。

果汁型的碳酸饮料：是原果汁含量不低于2.5%的碳酸饮料，如橙汁汽水、菠萝汁汽水或混合果汁汽水等。虽然这种饮料含有原果汁，但含量少之又少，一定不要因为它标注含有原果汁，就给宝宝喝。

果味型碳酸饮料：是以果香型食用香精为主要原料，并加入了食品添加剂的饮料，长时间给宝宝饮用，会严重伤害到宝宝娇嫩的胃肠。

低热量型碳酸饮料：是以甜味剂等添加剂全部或部分代替糖类的碳酸饮料和苏打水。虽然商家打着低热量的旗号，但是仍含有大量添加剂，一样会使宝宝身体受到伤害，也会引起发胖。

草莓牛奶羹

【材料】草莓150克，配方奶150克，草莓冰淇淋50克。

【做法】

1.将草莓洗净，去蒂，切成小块，置于小碗中。

2.将草莓块、配方奶、草莓冰淇淋一起倒入榨汁机中搅拌均匀即成。

草莓中维生素含量非常高，而且极易被吸收，这道羹补虚养血、润肺利肠、解毒排毒，可促进机体健康。

不喝植物蛋白饮料

植物蛋白饮料，是用蛋白质含量较高的植物果实、种子或核果类、坚果类的果仁等为原料，经过加工制成的饮品。

豆乳类饮料： 是以黄豆为主要原料，经打磨、提浆、脱腥等工艺，浆液中加入水、糖液等调制而成的饮品，如豆浆等饮料。

椰子乳饮料： 是以新鲜、成熟适度的椰子为原料，取其果肉再加入水、糖液等调制而成的饮品。

杏仁乳饮料： 是以杏仁为原料，经过浸泡、打磨等工艺，在浆液中加入水、糖液等调制而成的饮品。

以上植物蛋白型饮料，都是加入大量的添加剂、防腐剂制成的，宝宝不宜食用。如果宝宝喜欢喝豆浆、牛奶、椰汁，妈妈最好亲自制作。

燕麦油菜粥

【材料】燕麦片30克，油菜100克，鸡蛋1个，排骨汤300毫升。

【做法】

1.排骨汤倒入锅中烧开，加入燕麦片，转中火熬煮5分钟，边熬煮边用筷子搅动，直至燕麦片软烂。

2.鸡蛋在碗中打散；油菜洗净，切碎。

3.将鸡蛋液、油菜碎倒入燕麦粥中，再次烧开后，转小火继续煮2分钟。

黄瓜酸奶糊

【材料】黄瓜100克，酸奶50毫升。

【做法】

1.将黄瓜洗净，切小块，放入辅食机中打成泥状。

2.黄瓜泥中调入酸奶，拌匀即可。

宝宝怎么吃每日一读

第 **6** 章　8个月
宝宝开始享受用手抓
食物吃的乐趣

8个月的宝宝

　　这个月，宝宝各方面的能力又更进了一步，性格特征也越来越鲜明。有的宝宝已经能够扶着栏杆站起来，甚至能自主爬行几步，也可以坐得很好。

8个月宝宝喂养要点

妈妈乳汁的质和量都开始下降，难以完全满足婴儿的生长需要，辅食越来越重要了。大部分宝宝开始学习爬行，体力消耗较大，应供给更多的碳水化合物、脂肪和蛋白质。

8个月宝宝喂养指导

不管是母乳喂养还是人工喂养的宝宝，这个阶段每天的奶量不变，可分3～4次喂食。

对婴儿的喂养除了两餐粥或烂面条外，还应该添加一些豆制品、菜心、鱼泥、肝泥等。需要注意的是，现在的宝宝还是不能吃蛋清，只能吃蛋黄。此时，婴儿仍处于出牙期间，要继续给他吃稍微硬点儿的东西，让他练习咀嚼，例如：小饼干、烤馒头片等。

让宝宝吃各类水果和蔬菜，可以避免因叶酸缺乏而引起营养不良性贫血。当宝宝噘起嘴巴、紧闭嘴巴、扭头躲避勺子、推开妈妈的手时，都表示现在不想再吃，这时切忌强喂，否则容易使孩子厌食。

宝宝整天活动会消耗掉大量的热能。因此，每天在正餐之间适当补充一些点心或提供加餐，能更好满足新陈代谢的需求。

宝宝进食地点要固定

可以给宝宝配备专用的进餐椅，让宝宝在固定的地方进食（包括吃零食的地点）。宝宝的习惯养成需要妈妈有计划性，一旦习惯了在餐椅上进食，以后只要妈妈把宝宝放置在餐椅上，他就知道吃饭的时间到了。如果追着给在地板乱爬的宝宝喂东西，长大以后也会形成这样的习惯。

第211天
选择本地有机农产品

如果有可能的话，优先选择本地生产的、有机的、无污染的农产品。本地产品不仅成熟度好，营养价值损失小，而且不需要用保鲜剂处理，污染小，运输费用、包装费用、冷藏费用等比较低，盲目追求那些漂洋过海、远道而来的进口食物是不明智的。长途跋涉过来的水果，特别是皮特别光鲜的水果，吃时一定要削皮，因为它们不仅打了蜡，而且极可能是经过保鲜剂处理的。

鱼肉蛋花粥

【材料】米饭1小碗，鸡蛋1个，鱼肉150克。

【做法】

1.鱼肉洗净去刺，在开水中汆烫一下，切丁备用；鸡蛋取蛋黄，打散。

2.锅中加水煮开，倒入米饭，再次煮开后转小火煮15分钟。

3.将蛋黄液淋在粥面上，再加入鱼肉丁，中火继续煮5分钟。

白菜肉末挂面汤

【材料】龙须面100克，猪肉50克，白菜150克。

【做法】

1.将猪肉洗净，剁成泥；白菜洗净，切碎。

2.锅中加水，煮开，放入龙须面煮熟，加入肉泥、白菜碎，继续煮3分钟。

3.中火煮1分钟即可。

第 212~213 天
食材处理进入颗粒阶段

进食辅食已经有近4个月的时间了，大部分宝宝已经长出了牙齿。这个阶段，食材的处理方式要进行相应的调整，以满足宝宝牙齿咀嚼的要求。不要看轻了这个问题，食物制作方式的调整直接关系到宝宝未来独立进食的顺利与否。

现阶段，食材要处理成颗粒状的，可以锻炼宝宝的咀嚼能力。

苹果：切成碎丁，可以让宝宝自己用手抓着吃。

胡萝卜：蒸熟，切成小颗粒，用手大把抓着往嘴里送。

鱼肉：炖熟去刺，撕成肉丝放在碗里，宝宝可用手抓着吃。

豆腐：从饭汤里拣出来置于碗里，用汤匙压扁，抓着吃。

西蓝花：切成小朵煮熟捞出，剁成更小的块，大把抓着吃。

猪肉：煮熟，剁成肉末，大把抓着吃。

豆类：煮熟后，用勺子压碎了吃。

以上仅选取了部分食材，其他未提及的食材处理方法，也要向颗粒的方式转变。

猪肉蛋羹

【材料】猪里脊肉50克，鸡蛋1个。

【做法】

1.猪里脊肉洗净，剁成泥；鸡蛋取蛋黄，打入碗中打匀。

2.在蛋黄中加入肉泥，兑入温开水，用筷子将蛋黄和肉泥向一个方向打匀。

3.放入蒸锅，隔水蒸20分钟即成。

第 214 天
恰当地给宝宝吃零食

8个月的宝宝非常好动，每天会消耗掉大量的热能。因此，每天可以适当地补充一些零食，以满足新陈代谢的需求。

爱吃零食并不是坏习惯，关键是要把握一个科学的尺度。首先，吃零食时间要适当，最好安排在两餐之间，不要在餐前半小时至1小时吃。其次，零食量要适度，不能影响正餐。最后，要注意选择清淡、易消化、有营养、不损害牙齿的小食品，如新鲜水果、果干、坚果、牛奶、纯果汁、奶制品等，不宜选太甜、太油腻的零食。

蜜汁红薯

【材料】红心红薯1个。

【调料】冰糖1汤匙。

【做法】

1. 红心红薯洗净，去皮切条。

2. 锅内加水，把冰糖放入熬成汁，然后放入红心红薯条，待烧开后撇去浮沫，用小火焖熟。

3. 汤汁黏稠时先把红薯条夹出摆盘中，再浇上冰糖汁即可。

黑胡椒鸡柳

【材料】鸡脯肉100克，面粉、淀粉各50克。

【调料】料酒、黑胡椒粉各少许。

【做法】

1. 鸡脯肉洗净，切条，用料酒腌制30分钟。

2. 把腌好的鸡柳蘸上面粉和淀粉，放入锅中炸至两面金黄，撒上黑胡椒粉即可。

第 215 天
水果怎么吃效果好

水果不是成人的主要食物，所以为了不影响未来宝宝的饮食习惯，最好以加餐的形式喂养。从营养的角度出发，给宝宝吃水果泥是最好的方式，可将苹果、香蕉等刮成泥直接喂给婴儿，这样既可保证水果中的营养（维生素、纤维素等），又能锻炼进食的能力。

1岁以内，最好选择味道不太甜、酸的水果，以免干扰奶的摄入。

很多妈妈为了让宝宝多吃米粉，会把水果加入米粉内喂食。其实，这样会使宝宝出现对主食味道的错觉，不建议这样做。

蔬菜苹果粥

【材料】苹果1个，粳米30克，芹菜、甜玉米粒、西红柿、圆白菜各10克，鲜香菇1朵，姜末3克。

【做法】

1.粳米淘洗干净，浸泡30分钟；苹果洗净，去皮、核，切小块；西红柿洗净，切块；圆白菜洗净，切丝；鲜香菇洗净，切丁；芹菜洗净，切粒；鲜玉米粒洗好备用。

2.锅中加入适量水煮沸，放入粳米，大火煮沸后放入准备好的其他材料，小火至材料软烂即可。

鲜虾火龙果沙拉

【材料】火龙果100克，鲜虾50克，西芹20克。

【调料】沙拉酱10克。

【做法】

1.火龙果挖出果肉，切丁；鲜虾用盐水洗净，用开水烫熟。

2.将西芹切成小丁；将熟虾剥皮，同样切成小丁。

3.将火龙果丁、西芹丁和虾肉丁加入沙拉酱搅拌均匀，盛入盘中即可食用。

婴儿便秘的治疗方法

对宝宝的便秘首先要寻找原因，对于6个月以上的宝宝，可适当增加辅食，最好将卷心菜、青菜、荠菜等切碎，和蓖麻油一起放入米粥内同煮，做成各种美味的菜粥给宝宝吃。辅食中含有大量B族维生素等营养素，可促进肠肌肉张力的恢复，对通便很有帮助。

便秘的药疗和食疗固然重要，但除去病因必不可少，必须做到生活有规律、不挑食、少吃寒冷饮食才能根治便秘。

父母需要根据上面提到的方法结合宝宝的实际情况，不断地、耐心地加以调整，这个过程有可能是几个月，甚至是半年，必须是量变到质变的过程。

宝宝的胃肠道神经调节不健全，胃肠功能发育不完善，切忌用药物通便，容易导致胃肠功能紊乱、发生腹泻等。

木耳粥

【材料】黑木耳1朵，粳米50克，大枣2枚。

【调料】冰糖1粒。

【做法】

1.将黑木耳用凉水浸软，洗净后切丝；大枣洗净去核；粳米淘洗干净。

2.锅中水煮沸，加入粳米、黑木耳丝、去核大枣，大火煮开，转小火熬煮至米烂粥稠，加入冰糖溶化即可。

导致挑食的心理因素

有时，宝宝的挑食是源于自我保护。敏感、生性小心翼翼的宝宝，对待新食物会有陌生感，这种感觉会使他们恐惧，结果就是排斥。

到现在为止，宝宝基本没有选择食物的权利。当宝宝能够独自进食后，他们开始向家长的权威挑战，通过挑选食物，来表明自己决定事情的态度，这与到底吃什么食物没有直接的关系。因此，遇到宝宝强烈或激烈反抗吃某种食物，妈妈要学会判断——看他是真的不喜欢吃，还是需要一定的自主空间。

此外，食物的外观、气味也会对宝宝产生影响。如果宝宝曾经对某一食物留有不好的印象，也会排斥这一食物。

蛤蜊蒸蛋

【材料】蛤蜊5个，虾仁1个，蛋黄1个，蘑菇2朵，虾仁3个。

【做法】

1.蛤蜊用盐水浸泡，待其吐净泥沙，放入沸水中烫至蛤蜊张开，取肉切碎备用；虾仁、蘑菇洗净切丁。

2.蛋黄打散，将蛤蜊碎、虾仁丁、蘑菇丁放入蛋黄液中拌匀，加少许水，放入锅中隔水蒸20分钟即可。

三色粥

【材料】白米粥70克，鲑鱼肉50克，鸡蛋1个，菠菜1棵。

【做法】

1.菠菜叶洗净，氽烫，切成泥；鸡蛋煮熟，取出蛋黄碾成泥。

2.鲑鱼肉洗净，置于蒸锅中蒸10分钟至熟，凉凉后用汤匙碾压成泥。

3.白米粥倒入锅中，煮沸，加入鲑鱼肉泥、蛋黄泥、菠菜泥，拌匀，再煮1分钟即成。

鲑鱼含丰富的DHA，有助于宝宝的脑部发育，同时钙、铁含量丰富，可避免贫血发生。

生吃水果，慎防口过敏症

给宝宝生吃水果、蔬菜可能会引起口过敏症。口过敏症属于急性过敏，接触食物后几分钟即可出现，停止喂养后很快能消失。症状严重时，应使用抗过敏药物。遇有口过敏症的水果，应停止进食3~6个月。

水果在煮熟或蒸熟后吃，却可以避免口过敏症。但是水果蒸熟以后，维生素C会遭到破坏。因此，不常推荐给宝宝提供蒸熟的水果，只建议对生食水果出现口过敏症的宝宝食用蒸熟的水果。

冰糖蒸香蕉

【材料】香蕉1~2根。

【调料】冰糖少许。

【做法】

1. 香蕉去皮切片，放入盘中。
2. 撒上冰糖，放入锅中，隔水蒸10分钟即可。

胡萝卜蛋黄豆腐泥

【材料】胡萝卜半根，嫩豆腐50克，豌豆50克，鸡蛋1个。

【做法】

1. 将胡萝卜洗净，切成小薄片；豌豆洗净备用；嫩豆腐洗净，捣碎；鸡蛋取黄打散备用。
2. 将胡萝卜片、豌豆放入小锅，加水煮开，加入嫩豆腐碎，转小火继续煮10分钟左右。
3. 汤汁变少后，用大勺将豌豆和胡萝卜碾碎，淋入鸡蛋黄液，继续煮1分钟即成。

添加辅食中期容易出现的问题

❋ 宝宝喜欢直接吞咽

如果宝宝发现食物太细小且过于松软，就喜欢在不嚼碎的情况下直接将食物吞咽下去。所以，这一阶段，妈妈要将食物做成又松软又比平时稍微大一点儿的形状，最好做成宝宝一口大小的形状。

❋ 不吞咽食物

宝宝不吞咽食物，主要是因为食物颗粒太大或太干。妈妈应该将食物形状做得稍微小一点儿，或多加水，增加食物黏性，让宝宝吞咽起来更加方便。

❋ 饭量不见长

每个宝宝的食量都会有所不同。虽然饭量小，但喜欢吃且进餐次数足够多，妈妈就无须担心。如果宝宝饭量不见长，就将宝宝喜欢吃的水果切成稍大一些的块喂给宝宝吃，训练宝宝用舌头挤碎食物。

鸡丝汤面

【材料】鸡蛋面条100克，鸡肉50克，紫菜5克。

【做法】

1.鸡肉洗净，切丝，置于小碟中备用；紫菜泡软撕碎。

2.将鸡丝置于蒸锅中蒸熟；鸡蛋面条煮熟，捞出备用。

3.起油锅，加入鸡丝煸炒1分钟，锅中加少许水煮开，撇去浮沫，加入撕碎的紫菜拌匀。

4.关火，将鸡丝紫菜浇在煮熟的面条上即成。

预防胃炎的重点是把好"进口"关。进食最好实行分餐，即使是自家人也要分餐具，餐具要定时消毒。

还有一些慢性胃炎，是由不良饮食习惯引起的，所以从小培养良好的饮食习惯也很重要。宝宝吃饭要定时定量、少量多餐，注意营养搭配，少吃辛辣刺激的食物。另外，还要避免挑食、偏食，不要过饥或过饱；不吃过多的冷饮；不要零食或糖果等不离口。这些都容易使胃肠功能紊乱、胃黏膜的抵抗力下降而患慢性胃炎。

此外，还要减少宝宝情绪波动和劳累等因素，保证宝宝有充足的睡眠，加强体格锻炼。

丸子面

【材料】龙须面50克，肉末100克，黄瓜20克，黑木耳1朵，葱花适量。

【做法】

1.将黑木耳洗净，切碎；黄瓜洗净，切丝；将肉末按顺时针方向搅拌，分3次加几滴水，再挤成肉丸。

2.将面条煮熟，盛入碗中。

3.将肉丸、黑木耳碎一起放入锅中煮熟后，捞出放在面碗中，撒上葱花、黄瓜丝即可。

番茄炖鱼

【材料】草鱼肉100克，番茄100克，葱末、姜末各5克。

【调料】料酒少许，花椒粒适量。

【做法】

1.草鱼肉洗净切块，沥干水分后加料酒、葱末、姜末腌制5分钟；番茄洗净切块备用。

2.锅中放底油、下花椒粒煸香后滤掉，下番茄块炒至浓稠状，加清水大火煮沸。

3.开锅后加入腌制的鱼块，大火煮沸，再小火炖10分钟，撒上葱末即可。

DHA、ARA，宝宝聪明不能少

DHA，学名二十二碳六烯酸，俗称"脑黄金"，对脑神经传导和突触的生长发育有着极其重要的作用。ARA学名花生四烯酸，是构成、制造细胞膜的磷脂质中的一种脂肪酸，与脑部关系特别密切，关系到宝宝的学习及认知应答能力。

✿ 如何补充DHA、ARA

坚持母乳喂养：母乳中含有均衡且丰富的DHA和ARA，可以帮助宝宝大脑最大限度地发育。如果妈妈因为种种原因无法进行母乳喂养，而选择用婴儿配方奶哺喂宝宝时，应该选择含有适当比例DHA和ARA的奶粉。

膳食补充：对于宝宝的辅食，妈妈应注意多选择含DHA和ARA的食物，如深海鱼类、瘦肉、鸡蛋及猪肝等。值得注意的是，DHA和ARA易氧化，最好与富含维生素C、维生素E及β−胡萝卜素等有抗氧化作用的食物一同食用。

番茄通心粉

【材料】通心粉50克，牛肉末20克，番茄1个，洋葱20克，大蒜2粒。

【调料】番茄酱50克，黄油（或橄榄油10克）。

【做法】

1.将大蒜、洋葱切碎，番茄切丁；锅中加水煮开后，放入通心粉煮8~10分钟，盛出过凉水沥干，装盘。

2.锅烧热，放入黄油（或橄榄油），烧至五成热，放入牛肉末炒至变色，放入蒜碎、洋葱碎翻炒1分钟，再放入切好的番茄丁、番茄酱翻炒2分钟。

3.将炒好的料汁淋在通心粉上，拌匀即可。

第 225 天
有助于开胃的食材

❋茴香苗

将小茴香苗洗净切碎，稍加食盐、芝麻油，凉拌当菜吃，每日小半盘。也可将小茴香苗加少许肉馅包馄饨、饺子或包子，让宝宝进食。食量要由少增多，不可过量。

❋橘皮

鲜橘子皮洗净，切成条状、雪花状、蝴蝶状、小动物状等各式各样小块，加上适量白糖拌匀，置阴凉处一周。宝宝用餐时取出少许当菜食之，每日2次。

❋玫瑰花

鲜玫瑰花摘下后，加白糖适量密封于瓶罐内，一个月后启封。将玫瑰花糖少许加入汤内，让宝宝吃。

❋大枣

如果宝宝面黄肌瘦，时常腹泻，可用大红枣5～10枚，洗净煮熟去皮、核食之，也可与大米煮粥食之。

❋山药

将山药洗净去皮，切成薄片先用清水浸泡半天，加大米少量煮成稀粥。

鳗鱼蛋黄油菜粥

【材料】熟（烤）鳗鱼50克，大米30克，蛋黄1个，小油菜1棵。

【做法】

1.熟（烤）鳗鱼去刺切碎；小油菜洗净，切碎；大米洗净，浸泡1小时。

2.将大米加水煮粥，快熟时加入蛋黄，搅匀。

3.出锅前加入小油菜碎和熟（烤）鳗鱼碎，稍煮即可。

宝宝要长牙了，牙龈会发痒，需要为他准备些可以磨牙的东西，帮助他尽快度过"牙痒期"。

营养不良的判定标准

目测来看，营养不良的宝宝表现为面黄肌瘦、皮下脂肪薄、肌肉松弛等。城市宝宝的《围产期保健手册》附录中单列出了宝宝从出生到6岁的体重及身高的参考值，妈妈可以将宝宝在相应年龄段的体重及身高与这两张表对照。如果宝宝的体重与身高远远低于参考值，就可以断定宝宝太瘦了，那么宝宝就是营养不良了。

鸡肉菠菜糊

【材料】鸡腿肉100克，菠菜100克，米粉适量。

【做法】

1. 菠菜洗净，煮熟，放入料理机中打成泥。

2. 鸡腿肉去除筋膜、肉皮，煮熟后加一点儿饮用水，放入料理机中打成泥。

3. 做好的菠菜泥、鸡肉泥与米粉混合拌匀即可。

水果酸奶

【材料】香蕉半根，葡萄干50克，荔枝肉100克，酸奶适量。

【做法】

1. 葡萄干洗净，浸泡30分钟。

2. 荔枝去壳，肉撕成小块；将香蕉去皮，切片。

3. 将香蕉片、葡萄干、荔枝肉块混在一起，置于小碗内，淋上酸奶拌匀即成。

瘦宝宝如何调理

✽增强体质，重在调理

创设良好的居住环境，居室要阳光充足、空气新鲜。

宝宝胃口小或存在吃得不少但吸收不好的情形，妈妈要精心挑选、烹制，能提供均衡营养素并且易吸收的食物。

改变宝宝不良的睡眠习惯、饮食习惯，培养作息规律的生活方式。

加强体格锻炼非常重要，多带宝宝到户外进行适宜的运动，以增强体质，抵御疾病。

鳕鱼油菜粥

【材料】大米20克，鳕鱼100克，油菜50克，肉汤（或水）适量。

【做法】

1.将大米洗净，用水浸泡半小时；鳕鱼用沸水焯5分钟后用研磨器碾碎。

2.油菜焯水30秒后用冷水冲洗，沥水后切碎。

3.将大米和肉汤或水放入锅中大火煮沸后转成小火煮至米烂，加入鳕鱼泥和油菜碎，再煮10分钟，搅拌均匀即可。

番茄鸡蛋面

【材料】面条50克，番茄1个，鸡蛋1个。

【做法】

1.番茄洗净，用开水烫去皮，切成小块；鸡蛋打散，取蛋黄液。

2.锅中放少许油烧热，倒入蛋黄液翻炒3分钟，出锅。

3.起油锅，倒入番茄翻炒至软烂，再加入已经炒好的蛋黄，加入适量水，搅拌均匀。

4.把炒好的番茄鸡蛋卤浇在煮熟的面条上，拌匀即可。

第 228 天
益生菌，可调节肠道功能

宝宝出生脱离母体后，只有稳定和提高自身的消化吸收能力，才能提高免疫力。益生菌的主要作用是帮助宝宝建立健康的胃肠道环境。由于肠道黏膜上存有免疫细胞，这些细胞的激活物是肠道内的正常细菌，包括双歧杆菌、乳酸杆菌等。所以，益生菌在调整肠道功能的前提下，会通过刺激肠道免疫细胞，调节全身免疫。高纯度（每克含100亿以上）的益生菌对过敏体质的治疗也非常有帮助。

服用抗生素期间出现腹泻时，服用益生菌可纠正肠道菌群失调，服用时间可与抗生素间隔至少2个小时。如果益生菌服用后效果不明显，应服用乳糖酶或将普通配方奶换为无乳糖配方。停用抗生素后，仍须坚持益生菌或乳糖酶1～2周。

妈妈要注意，益生菌不可以用超过37℃的热水冲食。最好在饭后1小时服用。

杂果酸奶沙拉

【材料】原味酸奶150毫升，哈密瓜1小块，火龙果半个。

【做法】

1. 将火龙果肉切碎。

2. 哈密瓜去皮切碎。

3. 将火龙果碎、哈密瓜碎一同放入容器中，淋上原味酸奶拌匀即可。

豆腐有益，不宜多吃

豆腐作为食药兼备的食品，具有益气、补虚等多方面的功能。据测定，一般100克豆腐含钙量为140毫克～160毫克。此外，豆腐又是植物食品中含蛋白质比较高的，含有人体必需的8种氨基酸，还含有动物性食物缺乏的不饱和脂肪酸、卵磷脂等。因此，如果宝宝常吃豆腐不仅可以保护肝脏，促进机体代谢，还可以增加免疫力并且有解毒作用。一般情况下，宝宝半岁以上就可以吃豆腐，但要注意不要给宝宝吃太多。

豆苗拌豆腐

【材料】嫩豆腐100克，鲜豆苗50克。

【调料】香油2滴。

【做法】

1. 将鲜豆苗洗净，放入开水中氽烫2分钟，捞出后切碎。

2. 嫩豆腐洗净切小块，放入沸水锅中中火煮5分钟，盛出凉凉。

3. 将鲜豆苗碎撒在嫩豆腐块上，淋上香油拌匀即可。

番茄鸡蛋燕麦汤

【材料】番茄1个，鸡蛋1个，嫩豆腐50克，速食燕麦1大匙。

【做法】

1. 鸡蛋打散取蛋黄液备用，番茄洗净，切块；豆腐切小块。

2. 锅中加少许油烧热，放入蛋黄液炒散，盛出；锅中留底油炒番茄。

3. 锅中倒入适量水煮沸，放入速食燕麦和豆腐块，煮沸后把炒好的蛋黄放入锅中，盖盖煮2~3分钟下盐调味即可。

吃动物肝脏，要选对了

在能量和脂肪含量上，几种动物肝脏略有差别，其中牛肝和羊肝的能量最高。而蛋白质的含量，以猪肝和牛肝为最高，鸭肝的蛋白质最少。维生素A也是动物肝脏中非常重要的维生素，牛肝、羊肝的含量最高。

动物肝脏中的胆固醇含量都比较高，其中羊肝、鸡肝、鸭肝的胆固醇最多，而鹅肝和猪肝略少一些。

铁含量以猪肝、鸭肝最为丰富，并且消化吸收率很高。而其他矿物质，如锌的含量以猪肝、牛肝较高。值得一提的是，鸭肝中钙的含量是其余几种的2.5~9倍。鸭肝中硒的含量也远远高于其他，鸡肝次之。同时，鸭肝和鸡肝质地细腻，更适合宝宝食用。

肝泥粥

【材料】猪肝100克，白菜嫩叶150克，粳米、小米各30克。

【做法】

1. 猪肝洗净，切片，用开水汆烫后剁成泥；白菜嫩叶洗净，切成细丝。

2. 起油锅，煸炒猪肝至变色，加适量水大火烧开。

3. 粳米、小米淘洗干净，倒入锅中，煮沸后转小火煮20分钟至软烂，加入嫩白菜叶丝煮软即成。

婴儿餐椅最好选择组合式餐椅，这种餐椅由小桌子、小椅子和托盘三部分组成，进餐时宝宝坐在小椅子上，高度恰好与大人一致，正好占据家庭餐桌的一个餐位，方便宝宝与家人一起进食。食物可以放在餐盘上，让宝宝自己抓着吃，也可以由大人喂食。

多数宝宝在刚开始使用专用餐椅时都会嫌被绑着不自由。这是个习惯问题，给他时间，逐渐就能接受了。宝宝在餐椅上进食时，身边不能离人，以免宝宝掉下来。即使宝宝被固定得很好，也不能完全依赖这些内置的安全措施。别让宝宝坐在椅子上的时间超过一顿饭，开始时宝宝很难在没有支撑的情况下坐那么久。

红薯粥

【材料】粳米30克，红薯30克，配方奶100毫升。

【做法】

1. 粳米洗净，加水浸泡1小时；红薯洗净，去皮，切成小丁。

2. 锅中放入适量水煮沸，放入粳米和红薯丁大火煮沸转小火煮30分钟，倒入配方奶煮开即可。

由于宝宝生长发育速度快，对热量及营养物质需要相对多，但其消化系统功能尚未发育成熟，消化酶活力低，神经系统调节功能亦不完善，喂食过量、添加辅食太快、骤然断奶或改变食物品种等，都会增加消化功能的负担，引起消化功能紊乱而导致腹泻。

非感染性腹泻应从饮食调整入手，主要注意调整宝宝的饮食结构、习惯和规律，停止吃不适宜的食物，多饮水以防止脱水，大部分宝宝都可以自愈。

千万不要随意使用抗生素，否则极可能引起肠道菌群紊乱，加重腹泻程度。

鳕鱼南瓜糊

【材料】鳕鱼100克，南瓜100克。

【做法】

1.南瓜洗净去皮和鳕鱼一起放入蒸锅中，水开后蒸10分钟。

2.将蒸熟的南瓜和鳕鱼碾成泥拌匀即可。

白菜烂面条

【材料】挂面50克，白菜叶100克。

【做法】

1.白菜叶洗净，切成丝。

2.锅中加水煮沸，挂面掰成小段后放进锅里，再次煮沸后转小火煮5分钟左右。

3.锅中加入白菜叶丝，继续煮2分钟即可。

白菜含有丰富的维生素C，此外还含有钙、磷和铁等元素，应给宝宝多吃些白菜。

多吃健脑食物，宝宝越来越聪明

❊ 鸡蛋

鸡蛋中含有较多的卵磷脂，可使脑中增加乙酰胆碱的释放，提高宝宝的记忆力和接受能力。

❊ 大豆

大豆含丰富的优质蛋白和不饱和脂肪酸，是脑细胞生长和修补的基本成分；大豆还含有1.64%的卵磷脂、铁及维生素等，适当摄取可增强和改善儿童的记忆力。

❊ 鱼类

鱼肉含球蛋白、白蛋白及大量不饱和脂肪酸，还含有丰富的钙、磷、铁及维生素等，适当摄取，可增强和改善儿童的记忆力。

❊ 葱、蒜

葱、蒜中都含有前列腺素A，蒜中还含有"蒜胺"，这种物质对大脑的益处比维生素B_1还强许多倍。平时让儿童多吃些葱、蒜，可使脑细胞的生长发育更加活跃。

❊ 核桃

桃桃仁含40%～50%的不饱和脂肪酸，构成大脑细胞的物质中约有60%是不饱和脂肪酸。可以说，不饱和脂肪酸是大脑不可缺少的材料，儿童常吃核桃仁，对大脑的健康发育很有好处。

豆腐芹菜汤

【材料】鲜豆腐100克，芹菜100克。

【做法】

1.鲜豆腐洗净，切成小块，放入清水中浸泡半小时；芹菜洗净，取茎秆部分切碎。

2.起油锅，倒入豆腐块，中火煎1分钟，加适量水，大火煮沸后转小火再煮20分钟。

3.加入芹菜碎，煮3分钟即成。

第 237～238 天
各种维生素的作用与来源

维生素名称	作用	摄入不足造成的后果	主要食物来源
维生素A	能促进生长发育，保护上皮组织结构完整	导致夜盲症、眼干燥症、发育迟缓、免疫功能较差、易患感冒等呼吸道疾病	肝、肾、鱼肝油、蛋黄、绿叶菜和深黄色水果
维生素B$_1$	能帮助碳水化合物转化成大脑发育所需的能量，促进神经信息传导	影响脑细胞的正常功能，特别是神经组织	全麦、燕麦、花生、猪肉、西红柿、茄子、小白菜、牛奶等
维生素B$_2$	被称为是"成长的维生素"，并维持神经和心脏活动	如果供给不足，可发生口角炎	麦、蔬菜(蔬菜食品)、酵母等
维生素B$_3$（烟酰胺）	能有效促进新陈代谢，帮助婴幼儿长得又高又大	会引发头痛、呕吐、腹泻和皮炎，严重时甚至可以导致痴呆	麦、蔬菜(蔬菜食品)、酵母等
维生素B$_6$	是氨基酸和脂肪代谢所必不可少的元素	导致体重不足、生长发育迟缓、智力低下等	麦、蔬菜(蔬菜食品)、酵母等
维生素B$_{12}$	促进红细胞成熟	引起贫血	肝、肉、蛋、乳、酵母等
维生素C	增强身体抵抗力，促进生长和解毒	抵抗力下降，易感冒生病	各种蔬菜、水果、红枣
维生素D	帮助钙吸收，促进骨骼、牙齿生长发育	走路容易跌倒，个子长不高	肝、蛋黄、鱼肝油
维生素E	免疫力的强化剂，帮助免疫系统更好发育	可影响儿童免疫力，降低抗病能力	花生、芝麻、蛋黄、牛乳、麦芽、菠菜、酵母、大豆、玉米

橙子萝卜汁

【材料】橙子1个，白萝卜150克。

【做法】

1. 将橙子洗净，去皮，切小块；白萝卜洗净，去皮，切成条。

2. 将橙子块放入榨汁机中榨汁，榨出的橙汁盛入小碗内。

3. 将白萝卜条倒入榨汁机中榨汁，榨出的白萝卜汁也盛入小碗内，与橙汁混合均匀即成。

第 239～240 天
有助于提升免疫力的食材

✽富含维生素A食物

维生素A有助于增强机体免疫力，并使人获得抗感染的效果，可选用胡萝卜、苋菜、菠菜、南瓜、红黄色水果、动物肝、奶类等食物来补充维生素A。

✽富含维生素C的食物

维生素C能将食物内蛋白质所含的胱氨酸还原成半胱氨酸，半胱氨酸是抗体合成的必需物质，故维生素C有间接地促进抗体合成、增强免疫的作用。各类新鲜绿叶蔬菜和各种水果都是补充维生素C的好食品。

✽富含锌的食物

富含锌的食物有助于机体抵抗感冒病毒，锌还可以增强机体细胞免疫功能。肉类、海产品和家禽含锌最为丰富。此外，各种豆类、硬果类以及各种种子也是较好的含锌食品。

✽富含铁质的食物

体内缺乏铁质，可引起T-淋巴细胞和B-淋巴细胞生成受损，吞噬细胞功能削弱，免疫功能降低。而富含铁质的食物，可使上述情况得到纠正，达到对抗感冒病毒的目的。

排骨炖菜花

【材料】西蓝花、菜花各50克，干黄花菜20克，西红柿、胡萝卜各30克，排骨100克。

【做法】

1.排骨洗净，切块，放入沸水中汆烫后捞出备用；西蓝花、菜花洗净，切小朵；胡萝卜洗净，去皮，切片；西红柿洗净，切块；黄花菜泡软，切除根部。

2.锅中倒入半锅水，放入排骨块，大火煮沸，加入其他食材，煮软即可。

菠菜牛肉粥

【材料】粳米50克，牛肉糜100克，菠菜80克，香葱花5克。

【调料】生抽1茶匙，香油、白胡椒粉少许。

【做法】

1.菠菜择洗干净，放入滚水中略微汆烫，捞起沥干水分，切碎；牛肉糜加入生抽腌5分钟。

2.粳米淘洗干净，锅中加入500毫升清水，用大火烧开后，放入粳米，沸腾后改用小火熬制1小时；放入腌好的牛肉糜再煮滚后，放入菠菜碎，加入香葱花、香油、白胡椒粉调味即可。

第7章 9个月
细嚼型辅食适量
增加膳食纤维

9个月的宝宝

　　这个时期大部分宝宝已经长出牙齿了，能扶着床栏站立。会拍手，会用手选择自己喜欢的玩具玩，会独自吃饼干。宝宝也有了咀嚼能力，可以给他提供硬一点儿的东西啃咬，这样有利于乳牙萌出。

第 9 个月

9个月宝宝喂养要点

这个月的哺喂原则与第8个月大致相同。长出牙齿以后，可以增加一些粗纤维的食物如茎秆类蔬菜，如土豆、白薯等含碳水化合物较多的食物，但要把粗的、老的部分去掉。

9个月宝宝喂养指导

每天喂奶次数可以逐渐从3次减到2次。每天哺乳600毫升～800毫升就足够了，而辅食要逐渐增加，为断奶做好准备。饮食中应注意添加面粉类的食物，其中的碳水化合物可为宝宝提供每天活动和生长所需的热量，其中含有的蛋白质，可促进宝宝身体组织的生长发育。增加粗纤维食物时，要将粗的、老的部分去掉，以免难以咀嚼，影响宝宝的进食兴趣。

宝宝的肠道对油脂的吸收能力还不是很强，因此不能进食油脂含量高的食物，如五花肉、未去油的高汤等，以免引起腹泻。

从9个月起，宝宝可以接受的食物明显增多，应试着逐渐增加宝宝的饭量，使宝宝对营养的摄取由以奶为主转为以辅食为主。由于宝宝的食物构成正逐渐发生变化，选择食物要得当，烹调食物要尽量做到色、香、味俱全，以适应宝宝的消化能力，并引起宝宝的食欲。

让宝宝自己使用杯子、勺子

可以让宝宝自己拿勺子，自己把食物拿在手里吃。或许会不卫生，但宝宝会在这个过程中使大脑得到锻炼。如果宝宝自己拿奶瓶喝东西，可以把少量水或者奶粉、果汁倒在杯子里给宝宝喝。第一次尽量用带两个手把的带盖的杯子。逐渐熟悉了以后，宝宝就能自己端着水杯喝水了。

妈妈可以试着让宝宝从妈妈端着的碗里直接喝水，宝宝此时还不会用嘴吸水，难免会把水洒到身上，但多试几次以后就能掌握要领了。

第241天
训练宝宝使用餐具

牛肉营养丰富，其蛋白质含量很高，氨基酸组成更适合人体的需求，且含有较多的矿物质，如钙、铁、硒等。尤其是铁元素的含量较高，且是比较容易被人体吸收的动物性血红蛋白铁，比较适合6个月到2岁容易出现生理性贫血的宝宝食用。

牛肉普遍质地致密，肌肉纤维粗硬，但是牛里脊部分的肉比较柔软，妈妈可以选择这部分肉给宝宝吃。在制作牛肉餐时，要比其他肉类煮得更烂一些。在做之前可以先用水淀粉腌20分钟左右。切牛肉的时候可以横切，也就是垂直于牛肉的纹理切，这样容易将牛肉的肌纤维横断切成小丁，易嚼碎。可以在炖牛肉的时候加入一些山楂和橘皮，有助于将牛肉煮得更烂。尽量用蒸、煮、炖的方式，而炒的牛肉不容易烂。

胡萝卜牛肉汤粥

【材料】粳米50克，牛肉汤250毫升，胡萝卜100克。

【做法】

1.粳米洗净，加水浸泡1小时；将胡萝卜洗净，切片蒸熟后用汤匙压成泥。

2.除去牛肉汤上的浮油，倒入锅中大火煮开，倒入米及浸米的水煮开，转小火熬煮20分钟左右。

3.锅中加入胡萝卜泥，继续煮5分钟即可。

不要盲目地给宝宝过量补锌

有些妈妈一听说宝宝缺锌，除了给宝宝服用锌制剂外，同时还让宝宝吃很多强化锌的食品，并长期以此类食品代替普通食物。锌对宝宝的生长发育固然不可缺少，但也并非多多益善，补充过多也有害。

补锌过量可使吞噬细胞的功能被抑制，杀菌能力下降，免疫功能被削弱，会影响铁在体内的吸收和利用，使血液、肝脏、肾脏等器官含铁量下降，导致缺铁性贫血发生；还会刺激消化道黏膜，使宝宝产生恶心、呕吐、消化不良及腹部疼痛等不适症状；此外，还会导致体内性激素增多，引起性早熟。因此，妈妈在为宝宝补锌时不可盲目乱补，一定要在医生指导下正确补充。

奶酪蛋饺

【材料】鸡蛋1个，奶酪片1片。

【做法】

1. 将鸡蛋打散。

2. 取一个平底锅，放入少许油（油少到不能有流动感），中火加热1分钟，倒入蛋液，转动锅，使蛋液成为一个圆形。

3. 两分钟后，趁蛋液面尚未完全熟透时，将奶酪片置于蛋液面上，并马上将蛋饼对折成蛋饺形状，将蛋饺翻一面，继续煎1分钟即成。

第 **244** 天

为什么添加辅食后宝宝瘦了

孩子体重增长缓慢，可能与以下3种情况有关：

进食绝对量不够：不是指某营养素不足，而是全面营养素进食不够。

胃肠消化和吸收不良：若食物性状超过咀嚼和胃肠接受能力，导致大便内有原始食物颗粒，意味消化不良；若大便性状好，但排便量多，意味吸收不良；若两者皆有，意味消化吸收不良。

慢性病：比如过敏、慢性腹泻、先天性心脏病、反复呼吸道感染等也会造成孩子体重增长缓慢。

冬瓜肝泥卷

【材料】冬瓜50克，猪肝30克，馄饨皮10张。

【做法】

1.冬瓜去皮、去瓤，洗净后切成末；猪肝洗净后加水煮熟，剁成泥。

2.将冬瓜末和猪肝泥混合，搅拌成馅，用馄饨皮包好，上锅蒸熟即可。

西蓝花酸奶糊

【材料】西蓝花250克，酸奶100毫升。

【做法】

1.将西蓝花洗净，倒入开水中，用中火煮3分钟至熟，捞出沥水并切碎。

2.将西蓝花末置于小碗内，倒入酸奶拌匀即可。

第 245 天
如何提高免疫力

宝宝出生时从母乳中得到的免疫力一般可以维持6个月左右，之后，他自己的免疫系统会逐渐发育，到3岁时相当于成人的80%左右。因此，宝宝在婴幼儿时期免疫力较低，容易生病，妈妈要帮助宝宝完善免疫系统。

母乳喂养： 坚持母乳喂养可提高免疫力。初乳喂养，可帮助宝宝安全度过出生后的前6个月。

适当锻炼和充足睡眠： 适当运动有助于宝宝血液循环，帮助消化，改善胃口，还有助于宝宝的休息。充足的睡眠，也是提高免疫功能的关键。

不要害怕轻微感染： 轻微感染时，体内产生抗体的过程会有助于自然免疫力发展。一尘不染的环境，不利于宝宝免疫系统的发育。

食物辅助： 饮食均衡可以提升身体的防御功能。不要吃得过饱，避免脾胃负担过重，导致消化功能紊乱。减慢进餐速度能帮助消化、强健脾胃，从而提高免疫力。多喝水可以保持黏膜湿润，成为抵挡细菌的重要防线。

猪蹄汤

【材料】猪蹄1只。

【做法】

1.将猪蹄收拾干净，切小块，用热水汆烫，捞出沥水。

2.砂锅中加水，放入猪蹄块，大火煮开，改小火煲3~4个小时即可。

猪蹄含有丰富的胶原蛋白质，脂肪含量也比肥肉低，并且不含胆固醇，能满足宝宝成长需要。经常喝猪蹄汤，可以增强宝宝皮肤的弹性，增强身体抵抗力。

第 246 天
夜啼宝宝的饮食调理

夜啼是指宝宝白天一切如常,入夜则哭啼不安,或者宝宝每夜定时啼哭,甚则通宵达旦啼哭的一种疾病。引起宝宝夜啼的原因很多,如发热、受惊吓,口疮、饥饿以及尿布潮湿等。其中有些是宝宝的一种正常反应,有些则是病态。

夜啼的表现与宝宝因夜间饥饿或尿布潮湿而啼哭,以及因发热或因其他不适而突然发生夜啼者应加以区别。

应多给夜啼宝宝吃易产气的食物,如苹果、甜瓜、巧克力等甜的食物。奶粉不要冲太浓,对腹胀症状的宝宝可给适量温开水,并轻轻按摩其腹部,只要打嗝、放屁、排便,将气体排出,就可改善宝宝的不舒服症状。

对于因饥饿或尿布潮湿引起的宝宝夜啼,应及时发现,通常,在吃奶或换尿布后,宝宝的哭啼夜啼即可停止。

黄瓜鸡蛋汤

【材料】黄瓜100克,鸡蛋1个,虾仁4个。

【调料】香油1滴。

【做法】

1.黄瓜洗净,切成薄片;鸡蛋打散;虾仁用开水氽烫一下,取出沥水备用。

2.锅中加水,大火煮沸,放入虾仁、黄瓜片,中火煮3分钟。

3.将蛋液淋入锅中,煮1分钟左右至蛋熟,滴入香油即成。

第 247 天

合理添加蛋白质

❈ 动物性蛋白

由动物性食物提供的蛋白质，就是动物性蛋白。动物性蛋白质生理价值高，例如，人乳中的蛋白质最适合人体的需要，因此是宝宝最好的食品；肉类蛋白质可以改善各类蛋白质缺乏的状况；鸡蛋具有优良的蛋白质，好消化，吸收率达95%以上，是非常好的蛋白质来源之一。

❈ 植物性蛋白

由植物提供的蛋白质称为植物性蛋白。在植物性蛋白质中，谷类、豆类在供给蛋白质方面有重要意义。比如，黄豆中含有较丰富的必需氨基酸，其中赖氨酸较多，可以用来补充谷类蛋白质所缺乏的必需氨基酸。利用蛋白质的这种互补作用进行食物搭配，可以大大提高谷类蛋白质的生理价值。因此，膳食中添加豆制品是必要的。

肉丁西蓝花

【材料】猪瘦肉100克，西蓝花100克。

【调料】水淀粉5克。

【做法】

1. 猪瘦肉洗净，切丁，加水淀粉拌匀；西蓝花洗净，掰成小朵，入沸水中焯烫，捞出。

2. 锅置火上，倒入适量油，烧至五成热时，倒入猪瘦肉丁，中火翻炒至变色。

3. 锅中加入西蓝花，翻炒2分钟即可。

鸡肝中含有丰富的蛋白质、钙、磷、锌、维生素A、B族维生素，且含铁量大，也是宝宝补铁最常用的食物；鸡肝中维生素A的含量远远超过奶、蛋、肉、鱼等食品，能保护宝宝眼睛，维持正常视力，防止眼睛干涩、疲劳。

鸡肝还能补充维生素B_2，维生素B_2是人体生化代谢中许多酶和辅酶的组成部分，在细胞增殖及皮肤生长中发挥着间接作用，可以帮助宝宝排出体内的毒素。鸡肝中还具有一般肉类食品不含的维生素C和硒，能增强宝宝的免疫力。

鸡肝芝麻粥

【材料】鸡肝100克，鸡汤300毫升，米饭1碗，熟芝麻5克。

【做法】

1.鸡肝洗净，切片，氽烫备用；锅中换水，大火烧开，倒入鸡肝中火煮10分钟，捞出后置于研磨碗中磨成泥。

2.将鸡汤倒入锅中，大火烧开，加入鸡肝泥，中火烧至糊状，出锅。

3.锅中加水，倒入米饭，熬煮10分钟，加入鸡肝糊与熟芝麻，搅拌均匀即可。

鸡肝胡萝卜粥

【材料】鸡肝100克，胡萝卜100克，煮好的粥1碗，高汤200毫升。

【做法】

1.鸡肝洗净，切片；胡萝卜洗净，切块，一同放入蒸锅，蒸10分钟。出锅后，鸡肝用研磨碗磨成泥，胡萝卜用汤匙碾成泥。

2.高汤倒入锅中，大火烧开，加入煮好的粥煮沸，再将胡萝卜块、鸡肝泥加入粥内，拌匀煮2分钟即可。

第 250~251 天
打造合理的饮食结构

在给宝宝添加辅食时，妈妈更要关注的是饮食结构，而不仅仅是品种。宝宝每次进食都要合理搭配，不要集中在1~2类食物上，而要组合富含蛋白质（肉类、鸡蛋）、脂肪（奶类）、碳水化合物（粮食）、维生素（蔬菜、水果）的食物。

1岁前，都应以母乳或婴儿配方奶粉为主食；辅食中首先要考虑碳水化合物的摄入量，可以婴儿营养米粉、稠粥或稠烂面条为主，并在此基础上添加蔬菜、鸡蛋黄和（或）肉泥。由于蔬菜、水果中含能量极少，所以碳水化合物食物是辅食中的主食，至少应占每次喂养量的一半。

在过渡到成人的饮食之前，伴随着宝宝身体的发育，饮食结构需要定期进行调整，以免出现营养不良。只要妈妈把握好以上几项原则，在均衡饮食（母乳、婴儿配方奶、婴儿营养米粉）的基础上丰富饮食即可，没有必要再额外添加营养品了。

蒜泥茄子

【材料】长茄子100克，大蒜1瓣。

【调料】生抽、醋、白糖各5克，香油数滴。

【做法】

1.长茄子洗净，去皮，切片，放入锅中隔水蒸熟后凉凉。

2.大蒜去皮，洗净，打成蓉，放在蒸好的茄子片上。

3.生抽、醋、白糖放入锅中稍煮沸后淋在蒜蓉上，再滴入香油，拌匀即可。

合理制作米、面等主食

淘米时，随着淘米次数、浸泡时间的增加，米、面中的水溶性维生素和无机盐容易受到损失。做粥时，可使大量维生素、无机盐、碳水化合物甚至蛋白质溶于米汤中，如丢弃米汤不吃，就会造成损失。熬粥、蒸馒头加碱，可使维生素B$_1$和维生素C受破坏。很多油炸食品，如炸薯条等，经过高温油炸，营养成分基本已损失殆尽。

总之，在制作米、面食品时，最好用蒸、烙等烹饪方式，不宜用水煮、捞和油炸，以减少营养素的损失。

三角面片

【材料】馄饨皮10个（或等量的面片），西芹100克，高汤500毫升。

【做法】

1.将馄饨皮切成小三角状的形状（或自己和面制作面片）。

2.西芹洗净，去叶，切碎。

3.锅中倒入高汤，大火煮开，下入三角面片煮熟，再加入碎西芹，再次煮沸即可。

鸭肉粥

【材料】鸭肉100克，大米30克。

【调料】生抽1茶匙。

【做法】

1.大米洗净；鸭肉洗净，切小块，用生抽腌30分钟。

2.锅中放入适量水煮沸，放入鸭肉汆烫至变色捞出，冲净。

3.汤锅中放入适量水煮沸，放入大米，大火煮沸，再改小火煮20分钟，放入汆烫好的鸭肉块再煮至米烂粥稠即可。

合理烹调蔬菜，留住营养

蔬菜含有丰富的水溶性B族维生素、维生素C和无机盐，如果烹调加工方式不当，这些营养素很容易被破坏而损失。比如，把嫩黄瓜切成薄片凉拌，放置2小时，维生素损失33%～35%；放置3小时，损失41%～49%。炒青菜时若加水过多，大量的维生素溶于水里，维生素也会随之丢失。包馄饨时，先煮一下青菜，挤出菜汁后再拿来拌馅儿，维生素和无机盐的损失则更为严重。

牛奶香杧蛋饼

【材料】面粉120克，鸡蛋1个（中等大小），杧果1个，白糖10克，牛奶80毫升。

【做法】

1.杧果去皮，将果肉切成小丁，放入搅拌机里打成泥。

2.将白糖、打散的鸡蛋、杧果泥放入面粉中，用打蛋器边搅拌边一点点的倒入牛奶，使面糊呈可流动状态即可。

3.平底锅烧热，取一勺面糊倒入锅中，将两面煎熟即可。

花菜小王子

【材料】西蓝花100克，五花肉末300克。

【调料】生抽3克，香油1克，干淀粉5克，水淀粉5克。

【做法】

1.将五花肉末加入生抽、香油和干淀粉，搅拌成肉馅备用；将西蓝花洗净，撕成小朵。

2.取适量肉馅，搓成圆球，将小西蓝花朵插在上面，整齐地码在盘子中，大火蒸8分钟。

3.蒸好后，将盘中汤汁倒进锅中，开中火，加入水淀粉勾薄芡，再将芡汁淋在蒸好的菜上即可。

第 **254** 天
培养良好的进餐习惯

这个时期的宝宝，手的精细动作已经发展到可以用拇指和食指捏起小东西，并且日渐熟练。

为了练习这项重要的新技能，他会用手指拣起盘子里的小块食物或者伸手去拿盘子里的东西，搞得餐桌乱七八糟，这是喂宝宝吃饭最困难的时期。每次固定在一个地方喂宝宝食物，容易使宝宝明白，一旦坐在这个座位上就意味着要吃饭了，可以培养宝宝在固定地点吃饭的好习惯。如果宝宝真的饿了，只要坐在这里，就能很快地进入准备吃饭的状态。

如果宝宝在餐桌上只顾摆弄餐具、食物，而坚持不肯吃东西，说明宝宝根本不饿。这时，需要及时将食物收走，等宝宝饿了，他自然会好好地吃饭。

鲜虾冬瓜粥

【材料】冬瓜100克，虾仁50克，粳米50克，鲜香菇1朵，鸡汤适量。

【做法】

1.冬瓜洗净，去瓤和子，保留瓜皮，切丁；粳米淘洗干净，用水浸泡30分钟；鲜香菇洗净，切粒。

2.虾仁去肠线，洗净，入沸水锅中汆烫1分钟，盛出备用。

3.锅中加适量水和鸡汤煮沸，放入粳米，烧开后转小火熬煮20分钟，加入冬瓜丁、香菇粒煮10分钟，放入虾仁再煮5分钟即可。

第 255 ~ 256 天
控制糖的摄入

❋ 吃糖过多会导致健康问题

蔗糖在体内会转化为葡萄糖，葡萄糖分解时需要含有维生素B_1的酶来参与。长期过量进食糖，机体会消耗大量的维生素B_1，这种物质的缺乏，会使葡萄糖氧化不全，从而产生乳酸等中产物。这类中产物过多，会影响中枢神经系统的活动，表现为情绪及注意力方面的问题。

❋ 吃糖的两大原则

控制摄入量： 尽量减少吃糖次数，在两餐之间不吃或少吃糖果等零食，尤其在睡前，不能再吃糖果等。

时机适宜： 最好选在午餐和晚餐之间，作为加餐吃；如果宝宝感觉有些饿了不妨吃点儿糖，相对其他食物来说，糖更容易被人体吸收进入血液，可以快速提高血糖；如果宝宝的运动量较大，在运动后也可以吃点儿糖，有助于补充体内所消耗的热量。

鸡蛋布丁

【材料】鸡蛋1个，配方奶100毫升。

【做法】

1.鸡蛋打散，加入1汤匙温开水，搅拌均匀。

2.将配方奶缓缓倒入蛋液中，搅拌均匀。

3.将调好的鸡蛋液放入蒸锅中蒸，大火烧开，转小火再蒸30分钟即可。

❋ 宝宝稀粥与大人米饭同做的方法

将大人吃的米洗好倒入锅中，再将宝宝的煮粥杯置于锅中央，煮粥杯内米与水的比例为1：7。

像平时一样按下开关。锅开后，杯外是大人的米饭，杯内是宝宝的稀粥。

刚开始用这种稠度的粥喂宝宝时，如果宝宝的喉咙特别敏感，可先将稀粥压烂后再喂食。

❋ 肉泥的制作方法

肉类处理起来比较麻烦，特别是为宝宝烹制的辅食，妈妈们就更要注意了。下面向妈妈们推荐肉泥的基本烹调方法。

挑选不带脂肪的瘦肉馅。

倒入比肉馅多5倍的冷水，慢慢熬煮。

肉煮烂后摊于网勺内，用水冲洗干净。

将肉捣烂，才容易入口。

第 259 天
食物保质的措施

在给宝宝做辅食之前一定要洗手。做好后，要将稍后再吃的食物，保存在冰箱里，如果是24小时之后才吃的食物，则应该冷冻起来。制作时要把冰冻食品充分解冻后再做。

重新加热已经制作好的食物时一定要确保食物从里到外都热透，然后凉到合适的温度，再给宝宝喂食（最好使用对温度有感应的能变色的勺子喂食）。

妈妈要注意，已经加热过的食物如果吃不完就弃用。

要及时检查食物的保质期。同样，如果瓶装的婴儿食品没有加热过，也没有接触过宝宝的嘴，开瓶后可以放在冰箱里保持24小时。

果味土豆沙拉

【材料】土豆半个，胡萝卜1根，橙汁100毫升。

【做法】

1.将土豆、胡萝卜分别洗净，去皮，切成小丁煮熟。

2.将土豆丁和胡萝卜丁取出控干水分放入容器中，淋上橙汁拌匀即可。

瓜丝虾仁软饼

【材料】鸡蛋1个，面粉50克，西葫芦100克，熟虾5只，酵母粉1茶匙，胡椒粉少许。

【做法】

1.鸡蛋打散，加入酵母粉打匀，再倒入面粉拌匀；西葫芦擦丝，加入蛋糊中，调入胡椒粉拌匀。

2.平底锅加入适量油烧热，用勺子舀取面糊，放入锅中摊成一个个圆形小饼，待表面半凝固时放上虾仁，稍加按压使其粘牢。

3.盖上锅盖略煎，翻面，煎至两面金黄即可。

一天内吃水果的最佳时间

一天内吃水果的最佳时间是在两餐之间，可以是午睡醒来之后、外出归来。以下两个时段不宜进食水果。

饱餐之后：水果中有不少单糖物质，虽然说水果极易被小肠吸收，但若是堵在胃中，就很容易形成胃胀气，还可能引起便秘。

餐前：宝宝的胃容量比较小，如果在餐前食用，就会占据胃的空间，影响正餐的摄入。

现阶段，吃苹果、梨、橙子时可以将这些水果切成碎丁，让宝宝自己用手抓着吃；吃猕猴桃、香蕉时，要用不锈钢勺子将这些水果刮成泥喂食；吃山楂、葡萄、西瓜时，可以将这些水果洗净去子去皮，掰成小块，让宝宝自己用手抓着吃。

苹果牛油果泥

【材料】苹果100克，牛油果100克。

【做法】

苹果去皮洗净，切小块；牛油果取出果肉与苹果块一同放入料理机中打成糊状即可。

果味麦片粥

【材料】燕麦50克，葡萄干20粒，猕猴桃半个，木瓜半个，橙子半个，配方奶250毫升。

【做法】

1.葡萄干洗净，泡软；猕猴桃、木瓜分别洗净，切成小粒；橙子去皮取肉切小块。

2.锅中加水，大火煮开，加入麦片和葡萄干，边搅拌边用中火煮3分钟。

3.锅中倒入配方奶，边搅拌边用中火煮，待煮沸后熄火，盛出后撒上切好的鲜果粒即可。

选择粗粮有讲究

让宝宝适量进食粗纤维食物，可以促进其咀嚼肌的发育，有利于宝宝牙齿和下颌的发育；促进肠胃蠕动，增强胃肠道消化功能，防止便秘。

可以先从质地较细的品种开始，如小米、细玉米面、大豆面等；可搭配细粮一起吃，并避免大量集中或者频繁地食用。妈妈可以在加工方法上用点心思，白米粥、八宝粥、软饭、掺和白面蒸成的松软的杂粮小馒头、带馅的菜团子等。还可以在白粥中加入其他食材，如红薯、南瓜、大枣、莲子、百合、水果等，既能增加营养，又能丰富味道和颜色，宝宝会更加喜欢。

番茄西米羹

【材料】西米50克，番茄1个。

【调料】糖桂花3克。

【做法】

1.番茄去蒂洗净，用开水烫去皮，切丁备用；西米洗净，用清水浸泡30分钟至米粒吸水膨胀。

2.锅中加水，大火烧开，倒入番茄丁，煮沸后改用小火煮5分钟，放入泡好的西米煮1分钟立刻熄火，撒上糖桂花拌匀即可。

红薯小窝头

【材料】红薯300克，胡萝卜100克，藕粉50克。

【调料】白糖适量。

【做法】

1.红薯、胡萝卜洗净后蒸熟，取出凉凉后剥皮，挤压成细泥。

2.加藕粉和白糖拌匀，再切成小团，揉成小窝头。

3.小窝头放入锅中，大火蒸10分钟即可。

宝宝易上火，要注意调理

中医认为，宝宝是"纯阳之体"，体质偏热，容易出现阳盛火旺即"上火"现象。而且宝宝肠胃处于发育阶段，消化等功能尚未健全，过剩营养物质难以消化，易造成食积化热而"上火"。此外，食物搭配不科学，也会引起"上火"。

宝宝上火时，可以增加液体的摄入量，多喝些凉白开、果汁、绿豆汤、鱼汤等。多吃些润肺生津、养阴清燥的食物，如银耳、藕、萝卜、百合、西红柿、豆腐、香蕉和柿子等。多吃些新鲜水果和蔬菜，因为果蔬除了含有大量水分外，还富含维生素、矿物质和膳食纤维，这些营养素不但有助于生长，还可以起到清热解毒的作用。

给宝宝提供平衡膳食，要做到主副食、粗细、荤素以及干稀搭配合理。让他们少吃刺激性大、多油腻的食物，因为这些食物会消耗体内的水分，加重燥热的程度。

木耳冰糖羹

【材料】干木耳15克，番茄1个。

【调料】冰糖5克，水淀粉5克。

【做法】

1. 干木耳洗净，置于温水中浸泡3小时泡发，再撕成小朵。

2. 番茄洗净，用开水烫去皮，切碎。

3. 锅中加水，大火烧开，倒入木耳朵、番茄碎、冰糖，小火煮10分钟，淋入水淀粉再次煮开即可。

长期饮食过量，会影响宝宝的智力发育

好的饮食结构与饮食习惯可以养育一个健康又聪明的宝宝；不合理的饮食结构与饮食习惯不仅会对健康造成负面影响，还会影响宝宝的智力发育。

大多数妈妈对于宝宝吃得多持肯定态度，认为宝宝吃得越多越健康，也会越聪明。

实际上，过饱会使大量的血液留存在胃肠道，造成大脑相对缺血、缺氧，久而久之就会影响脑发育。

此外，过饱还容易使血管壁增厚，导致血管腔变小，对大脑的供血减少，加剧大脑缺血、缺氧。脑细胞经常缺血、缺氧容易使脑组织逐渐退化，经常处在这样的状态，会影响宝宝的智力。

香蕉木瓜酸奶汁

【材料】香蕉半个，木瓜1/4个，酸奶100毫升。

【做法】

1.将香蕉去皮，切块；木瓜去皮、子，切块后榨汁。

2.把果汁倒入酸奶中拌匀即可。

秋葵厚蛋烧

【材料】秋葵2根，鸡蛋2个，牛奶适量。

【做法】

1.秋葵洗净，氽烫后去籽备用；鸡蛋打散加一点牛奶，搅拌均匀。

2.平底锅抹一层油，倒入1/3的鸡蛋蛋液，转动锅子，铺满锅底；鸡蛋尚未完全凝固时，把秋葵放入蛋饼的一侧，用铲子把秋葵那一侧的蛋皮挑起来卷成卷。

3.卷好的蛋卷放在锅中间翻面加热，使蛋卷定型，然后推到一侧，再倒入1/3的蛋液，重复以上的步骤，卷3次即可。

4.将蛋卷切成小块。可蘸番茄沙司食用。

第 266 天

避开宝宝喂养的误区

☀用鸡蛋代替主食

过多吃鸡蛋会增加宝宝胃肠负担甚至会引起消化不良性腹泻。因此，宝宝每天最多吃1个鸡蛋。

☀给宝宝吃的食物品种很单调

没有任何一种天然食物含有人体所需的所有营养素，只有通过给宝宝喂多种食物，才能使他得到全面的营养，这样也容易使宝宝愿意接受新的食物，养成不挑食的饮食习惯。

鲜虾肉泥

【材料】鲜虾10个。

【调料】香油1滴。

【做法】

1.将鲜虾洗净，去头、去皮，挑掉虾线，切碎，放入碗内，加少许水，置于蒸锅中，隔水蒸10分钟。

2.出锅后淋上香油，搅拌均匀即可。

水果酸奶糊

【材料】番茄半个，香蕉半个，酸奶100毫升。

【做法】

1.将番茄洗净，用开水烫去皮，置于小碗内，用汤匙碾成泥。

2.将香蕉去皮，切块，置于小碗内碾成泥。

3.将番茄泥与香蕉泥混在一起，拌入酸奶搅拌均匀即可。

第 **267** 天

避免辅食里的营养流失

给宝宝制作辅食时，尽量不要添加其他调味料，也要少加油脂。不要添加苏打粉，否则会有损食物中的维生素及矿物质。

带皮的蔬菜或水果也可以煮好后再剥皮。最好用蒸的方法烹煮蔬菜，尽可能减少其与光、空气、热和水接触，以减少维生素的损失。

不宜用铜质器皿烹饪，以免破坏维生素C。

不宜用铝质器皿烹煮酸性食物，因为铝会溶解在食物中并被宝宝吸收。

可让宝宝吃些玉米面、小米等杂粮粥。杂粮的某些营养素含量很高，有利于宝宝生长发育，还应适当增加动物性食物的量和品种，如肉泥即可。

胡萝卜水果泥

【材料】胡萝卜半根，猕猴桃半个，鸡蛋1个。

【做法】

1.胡萝卜洗净，切块，置于蒸锅中隔水蒸熟，出锅后碾成泥。

2.猕猴桃洗净，去皮，碾压成泥；鸡蛋煮熟，取出蛋黄，置于小碗中，用汤匙碾压成泥。

3.将胡萝卜泥、猕猴桃泥、蛋黄泥一同置于盘中，搅拌均匀即可。

第 **268** 天
纠正偏食、挑食的行为

让宝宝体验饥饿感，随后获得饱足感。

限制两餐之间的热量摄入，餐前1小时不喝饮料和吃点心。

进餐时间少于25分钟，每餐间隔3.5~4个小时。

慢慢调整宝宝不喜欢的食物和喜欢的食物的比例，把不喜欢和喜欢的食物从1∶1变为2∶1或更多，使不喜欢变为喜欢。

当宝宝发生推开匙、哭闹、转头等行为时，妈妈采取暂时隔离法，移开食物，将宝宝放进餐椅不理他。

带宝宝去菜场或超市，由宝宝决定采购哪些食品。

让宝宝多次尝试新的或不喜欢的食物，有时需要15次。

用趣味名称称呼食品。

营造快乐进食气氛。

不买父母不希望宝宝吃的食物。

鲜虾炒挂面

【材料】挂面50克，虾仁2只，胡萝卜半根，白菜叶1片。

【做法】

1.将挂面煮熟，捞出过水；虾仁洗净，去虾线切碎；胡萝卜洗净切碎；白菜叶洗净切碎。

2.锅中放入少许油烧热，放入碎虾仁炒至变色，再放入碎胡萝卜和碎白菜叶翻炒均匀，倒入煮好的面条，拌匀即可。

虾不仅口味鲜美，而且含有多种维生素、矿物质（钙、铁、碘等）和优质蛋白质（含量高达20%）。另外，虾中还有甘氨酸，这种氨基酸的含量越高，虾就越鲜。

有益宝宝健康的米醋

妈妈为宝宝制作辅食时不妨使用米醋进行烹调，这样不仅可使食物味道更好，而且米醋中含有的乳酸、柠檬酸、琥珀酸、葡萄糖、甘油、多种氨基酸、维生素B1、维生素B2以及钙、磷、铁等微量元素，有益于宝宝的健康。比如，妈妈在给宝宝做的饭菜中加入一些米醋，宝宝食用后便可使胃液中的酸度得到提高，由此增加了对致病菌的杀伤力，还有助于化解积食。

这里为妈妈推荐几种烹调方法。

骨头汤里加醋，可使骨头发生脱钙，大量的钙质溶于骨头汤内，并促进钙质在小肠内的吸收。

做鱼时加醋，不仅能使鱼骨中的钙溶解在汤里，同时还可减轻鱼的腥味，使口感更好。

糖醋双丝

【材料】白菜心50克，胡萝卜50克。

【调料】米醋1茶匙，糖1/2茶匙，盐适量。

【做法】

1.将白菜心洗净，切成细丝，放在大碗里，用盐腌5分钟后，挤干水，放入盘中。

2.将胡萝卜去根蒂后洗净，切成细丝，用开水焯一下，捞出后过凉水，控水后放在白菜丝上。

3.锅中放入油烧热，烹入米醋，再加入糖烧开，用小火熬制片刻，待汤汁浓稠时出锅凉凉，浇在双丝上拌匀即成。

拌三丝

【材料】黑木耳1朵，莴苣、胡萝卜各50克，蒜1瓣。

【调料】生抽、米醋各1茶匙。

【做法】

1.黑木耳泡发，莴苣去皮，胡萝卜洗净，三者分别切丝后焯水30秒钟捞出，过凉水，沥干。

2.将以上三丝放入容器内，放上切碎的蒜末，加入生抽、米醋拌匀即可。

宝宝怎么吃每日一读

第8章

10个月
开始断奶，逐渐增加
辅食品种

10个月的宝宝

　　这个月，宝宝的营养需求和上个月差不多。妈妈不要认为宝宝又长了一个月，饭量就应该明显地增加了。这会使父母总是认为宝宝吃得少，使劲儿喂宝宝。总是嫌宝宝吃得少是父母的通病，父母要学会科学喂养宝宝，而不要填鸭式喂养。

第 10 个月

10个月宝宝喂养要点

宝宝在这个月一般已长出4～6颗牙齿，有的宝宝出牙较晚，此时才刚刚长出第1颗牙齿。虽然牙齿还很少，但他已经学会用牙床咀嚼食物，这个动作也能有效地促进宝宝牙齿的发育。在前几个月的准备下，宝宝进入了断乳期，此时辅食的添加次数也应增加。

宝宝所需热量仍然是每千克体重110千卡左右。蛋白质、脂肪、糖、矿物质、微量元素及维生素的量和比例没有大的变化。

10个月宝宝喂养指导

这个阶段原则上继续沿用上个月时的哺喂方式，可以把哺乳次数进一步减少，但不少于2次，让宝宝进食更丰富的食品，以利于各种营养元素的摄入。

可以让宝宝尝试全蛋、软饭和各种绿叶菜，既增加营养，又锻炼咀嚼能力，同时仍要注意微量元素的添加。

给宝宝做饭时多采用蒸煮的方法，其比炸、炒的方式保留更多营养元素，口感也松软。同时，还保留了更多食物原来的色彩，能有效激发宝宝的食欲。

这个时期宝宝的吞咽能力和手部动作会比前几个月好很多，因此可以试着让宝宝自己拿汤匙，但爸爸妈妈仍需陪在旁边，以防宝宝不小心伤到自己。宝宝自己进餐，会将食物洒满桌子，手、脸和衣服也会搞得很脏，这是宝宝学习成长的必经之路。父母要保持冷静与温和的态度，保证进餐时的气氛轻松和愉快，不要呵斥宝宝。

开始断奶

这个月可以用自然断奶法给宝宝断奶了，即通过逐步增加辅食的次数和数量，慢慢减少喂哺母乳的次数，在断奶的过程中（1～2个月），应让宝宝有一个适应的过程。开始时每天先少喂一次母乳，再代之其他的食物，在之后的几周内，慢慢减少喂奶次数，并相应增加辅食，逐渐将辅食变成主食，直至最后断掉母乳。

可以引导10个月的宝宝用水杯喝水，注意杯中的水量不要太多，要让宝宝捧着两侧，大人托稳杯子，让宝宝喝杯内的水。目前，宝宝还不会把水吸进嘴里，仅能把嘴边遇到的水喝进去，喝水的过程中，来不及吞咽的水会顺着嘴角两侧流下来。经常进行这样的喝水练习，宝宝不久之后就能掌握"吸溜"的技能了。

在宝宝熟练掌握这样的喝水技巧以后，可以在白天让他用杯子喝牛奶，取代睡前最后一次的奶瓶喂奶，这样有助于减少"奶瓶齿"的发生。

豆腐苦瓜汤

【材料】豆腐100克，苦瓜150克。

【做法】

1.将豆腐洗净，切块；苦瓜洗净，去瓤，切片。

2.锅中加水煮沸，放入豆腐块和苦瓜片，大火烧开，转小火煲30分钟即可。

大米花生红枣米糊

【材料】大米30克，花生仁20克，绿豆15克，核桃仁10克，红枣2颗，红豆15克，枸杞子5克，熟黑芝麻5克。

【做法】

1.大米淘洗干净，浸泡2小时；红豆、绿豆分别淘洗干净，用清水浸泡4~6小时；红枣洗净，用温水浸泡半小时，去核；核桃仁、花生仁、枸杞子洗净。熟黑芝麻备用。

2.将全部材料倒入全自动豆浆机中，加水至上、下水位线之间，按下"米糊"键，煮至豆浆机提示米糊做好即可。

家庭进餐的细节

❋ 时间固定

每天吃饭的时间是固定的，一到这个时候，宝宝就准备好等着开饭了。进餐时间不宜太久，控制在半小时以内，即使宝宝还要吃也不能迁就，到时就收，以免与饭后的其他行为（睡觉、玩玩具等）发生冲突。

❋ 程序固定

用餐前后洗手，用餐过程的礼仪，餐后漱口，这些都是宝宝学习和模仿的内容。虽然目前其中的几个环节宝宝是无须实施的，但大人不能省去了。

❋ 言传身教

宝宝虽然小，但是他已经有了很强的模仿能力。在餐桌上，如果看见别人含着满嘴食物大笑、乱扔食物、敲餐具等，他也会模仿。所以，大人要注意自己在餐桌上的言行举止。

冬瓜丸子汤

【材料】冬瓜50克，香菜2根，肉馅100克，蛋清1个，姜片5克。

【调料】婴儿酱油、香油各少许。

【做法】

1.冬瓜去皮去子，切成片；香菜洗净，切碎。

2.肉馅放入大碗中，调入婴儿酱油、蛋清，沿着同一个方向搅拌。

3.锅中倒入清水，放入姜片，大火加热，水开后，将肉馅挤成丸子，放入水中，大火煮沸。

4.倒入冬瓜片，煮3分钟后，淋入香油，撒上香菜碎即可。

第 **274** 天
吃饭也要尊重宝宝

✵尊重宝宝进食的独立性

10个月的宝宝变得更加独立，在餐桌边的种种行为即可表现出来。在这个年龄，千万不要强迫宝宝进食。当宝宝的食欲被外界的力量压倒和制服时，他会本能地将身体方面的信号与进食压力联系在一起。同时，他也会认为妈妈完全不在意他的感受，内心感到孤立无助。所以，妈妈要尊重宝宝的选择和独立性，即使是在食物方面。

✵尊重宝宝对食物的偏好

细心的妈妈在长期喂宝宝吃饭的过程中，应该注意观察宝宝喜欢什么样的食物，因为宝宝也有偏好。如果宝宝咽下以后很快又张开小嘴，说明这种食物他很感兴趣；如果他出现迷惑的表情，皱眉，或将食物吐掉则表明他对这种食物并不感兴趣。而且，这个年龄阶段的宝宝在接触新食物时往往喜欢研究一番，以满足自己的好奇心。

时蔬浓汤

【材料】番茄、土豆各1个，黄豆芽50克，胡萝卜半根，圆白菜100克，洋葱小半个，高汤500毫升。

【做法】

1.黄豆芽洗净，捞出沥水；洋葱去老皮，洗净，切丁；胡萝卜洗净，去皮切丁。

2.圆白菜洗净，切丝；番茄、土豆分别洗净，去皮，切丁。

3.将高汤倒入锅中，加入黄豆芽、胡萝卜丁、洋葱丁、圆白菜丝、番茄丁和土豆丁，大火煮沸，转小火慢熬10分钟，至汤浓稠即可。

第 **275** 天

食物保鲜用具有哪些

这个时期宝宝的食量还小，所以妈妈辛苦准备的辅食，宝宝每次只吃一点儿，几乎每次都会有剩余。一般来说，宝宝吃剩下的妈妈直接吃了即可，但有时还是需要冷藏保存的。这就要用到保鲜用具。

保鲜盒：可与空气隔绝，密封性能很好，可延长食物的保质时间。

储存盒：宝宝外出玩耍时，带着的小点心或切成丁的水果，可以放到储存盒里。如果带着的是水果，还要带几根牙签，最好用保鲜膜包起来。

冷藏专用袋：最好是能封口的专用冷藏袋，做好的辅食分成小份，用保鲜膜包起来后放入袋中。

如果时间充裕，还是建议妈妈只做一顿的量，现做现吃最健康。

白菜鱼丸汤

【材料】白菜200克，鱼丸4个，猪骨高汤300毫升。

【做法】

1.白菜洗净，切碎，置于小碗内；鱼丸洗净，切碎。

2.高汤倒入锅中，大火煮沸，加入切碎的鱼丸，再次煮沸后加入碎白菜，中火煮5分钟即可。

白菜能够提供丰富的维生素、膳食纤维，鱼丸含有优质蛋白，搭配一起食用，更易于宝宝吸收营养。

不爱吃饭，妙招应对

对于不爱吃饭的宝宝，妈妈需要花些小心思来应对，如妈妈可以将碗碟里的食物布置成小动物的造型，吸引宝宝的注意力。给宝宝的小碗底铺一层白色的米粒，接着在米粒上做造型。寻找圆形的豆豉做鱼的眼睛，黄瓜丝铺作鱼的身体，几片肉片摆成鱼鳍。让宝宝参与这个过程，进食时，问宝宝想吃鱼身体的哪部分。

妈妈可以在每餐前问询宝宝想吃什么"小动物"，在制作餐点的时候略微考虑一下摆弄这个"小动物"需要准备什么食材。这会使每天的进餐变成宝宝眼里的大事情，餐点还没上桌，宝宝的胃口就被吊起来了。

菠萝炒饭

【材料】米饭100克，猪肉糜50克，菠萝肉20克，洋葱10克，青椒10克，胡萝卜10克。

【调料】橄榄油少许。

【做法】

1.菠萝肉、洋葱、青椒、胡萝卜分别切成小粒。

2.将少许橄榄油抹在烧热的平底锅中，然后按顺序分别放入洋葱粒、胡萝卜粒、猪肉糜、青椒粒、菠萝肉粒进行翻炒。

3.将米饭放入锅中翻炒均匀即可。

鲜虾炒鸡蛋

【材料】鲜虾250克，鸡蛋2个。

【做法】

1.鲜虾洗净，去头、去壳、去虾线，备用；鸡蛋打散。

2.锅中放少许油烧热，倒入蛋液，炒散盛出。

3.锅中留底油，开中火，六成热时倒入虾仁，翻炒至变色，再加入炒好的鸡蛋，翻炒均匀即成。

虾仁的蛋白质含量是鱼、蛋、奶的几倍甚至几十倍，其钙与镁的含量十分丰富。

第277天
不要追着喂食

对于过敏体质的宝宝而言，海鲜类的食物要谨慎添加，甲壳类食物，如虾仁、螃蟹等建议1岁以后再吃。

10～12个月的宝宝活动能力增强，可自由活动的范围增加，有些宝宝不喜欢一直坐着不动，包括喂食物的时候也是如此。如果出现这样的情况，在喂食物前最好先把能够吸引宝宝的玩具等东西收好。当宝宝吃饭时，出现扔汤匙的情况时，妈妈要表示出不喜欢宝宝这样做。如果宝宝再扔，就不要给宝宝喂食物了，最好收拾起饭桌，千万不要到处追着给宝宝喂食物，以培养宝宝良好的饮食习惯。

此时宝宝已有自己进食的基本能力，可以让宝宝使用婴儿餐具，学着自己吃饭。

酸奶淋紫薯

【材料】紫薯、酸奶各适量。

【做法】

紫薯蒸熟，放入保鲜袋碾成泥，放在盘中，摆成心形，淋上酸奶即可。

莲子百合小豆粥

【材料】干莲子20克，干百合10克，红小豆25克，粳米50克。

【做法】

1.红小豆洗净，浸泡6小时；干莲子、干百合洗净，浸泡2小时。

2.将红小豆、莲子倒入锅中，加水，大火煮开转小火煮1小时。

3.将淘洗好的粳米、百合倒入锅中，大火煮开，转小火熬煮半小时即可。

第 278 天

孩子不懂饿怎么办

人只有当自己的身体处于饥饿状态时才能有好的食欲，人体的消化器官也才处于最佳吸收消化状态，此时进食才能使人获得满足，才能产生最佳的进食效果。频繁地少量进食，会使人失去饥饱的刺激。宝宝也是如此。不知饥饱很难引起宝宝的食欲及吃饭后的满足感，久而久之便会对吃饭失去兴趣。

为了使宝宝有饥饿感，能好好吃饭，妈妈应定时给宝宝喂饭。如果宝宝吃得不多，也不要随后补上，应等到下次喂饭时再吃。

猪肝鸡蛋羹

【材料】猪肝50克，鸡蛋1个。

【调料】香油少许。

【做法】

1.将猪肝去掉筋头，除去靠近苦胆的部分，冲洗干净，切成细丁后煮熟。

2.鸡蛋打散、搅匀，加入适量水拌匀。放入猪肝丁，蒸20分钟，淋入香油即可。

通心粉蔬菜汤

【材料】通心粉30克，圆白菜叶1片，洋葱、胡萝卜、南瓜各20克。

【调料】高汤500毫升。

【做法】

1.将洋葱、胡萝卜、南瓜分别洗净，去皮切丁；圆白菜洗净，切丝。

2.锅中加水，大火煮开，放入通心粉，中火煮熟，捞出沥水备用。

3.将高汤倒入锅中，加入圆白菜丝、洋葱丁、胡萝卜丁、南瓜丁，中火煮5分钟左右至熟，倒入煮熟的通心粉，再次煮沸即可。

不要迷信"营养品"

市场上有名目繁多的营养补充剂，如"蛋白粉""牛初乳"等，很多妈妈受广告的影响，对这些补充剂趋之若鹜。实际上，这些营养品中不能确定有效成分和含量，且补充剂中都含添加剂、防腐剂，选择的补充剂种类越多，添加剂和防腐剂也会随之倍增。

实际上，获取营养的最佳途径应该是摄入食物，食物中营养素的质量肯定比补充剂好。不同阶段的宝宝有自己的饮食需求，每天需要的营养应来自丰富的饮食。根据宝宝的年龄，妈妈可以为宝宝选择适宜的饮食种类和可接受的喂养量，均衡营养和正常进食才是生长的基础。所以，只要食品选择得当，进食正常，就没必要依赖营养品或补充剂。

南瓜吐司

【材料】南瓜100克，面包1片，鸡蛋1个，配方奶50毫升。

【做法】

1. 将鸡蛋打散成蛋液，再将配方奶倒入蛋液中，搅拌均匀。

2. 南瓜洗净，去皮切块，蒸熟后压成泥。

3. 面包片撕去边皮，只取其中间部分，将南瓜泥均匀涂在一面上，再在鸡蛋液中浸泡一下。

4. 平底锅烧热，淋入少许油，转动锅，使油均匀涂满锅底，放入面包片，煎至两面金黄即成。

生吃蔬菜要有选择

生菜叶（莴苣）略有苦味，它能增进食欲，有镇痛的作用，还有降血糖的功效。近期有研究表明，吃生菜叶（莴苣）还有抗病毒感染和抗癌的作用。如果宝宝不愿意生吃生菜叶（莴苣），妈妈可以用生菜叶（莴苣）卷上水果条或蘸甜面酱，激起宝宝进食的兴趣。黄瓜也是可以生吃的一种蔬菜。

胡萝卜中的胡萝卜素是可溶性维生素，这种物质可溶于油脂不溶于水，所以不宜生吃。

木耳莴笋拌鸡丝

【材料】水发木耳1朵、莴笋50克，鸡胸肉50克。

【调料】香油2克。

【做法】

1.莴笋去皮并洗净切丝，木耳洗净切丝，稍余烫一下。

2.鸡胸肉洗净切丝，余烫至熟。

3.全部材料放入盘中，淋少许香油拌匀即可。

番茄沙拉

【材料】小番茄150克，生菜100克，香蕉1根，猕猴桃1个。

【调料】沙拉酱适量。

【做法】

1.小番茄洗净，对切开；生菜洗净，撕成小片；香蕉去皮，切块；猕猴桃去皮，切块。

2.将上述材料放入沙拉碗中，调入沙拉酱拌匀即可。

第 **282** 天

巧妙剁馅料，营养不流失

妈妈做馅料时需要将大白菜、小白菜、芥菜、韭菜等切碎拌馅，如果在这个过程中将菜汁挤掉，蔬菜中丰富的维生素将会流失掉60%~70%。

妈妈在剁馅时特殊处理一下，就可以保存蔬菜中的营养了，具体方法有以下几种：一是将蔬菜与豆腐干、蘑菇及肉放在一起剁切，此时蔬菜中的汁液可以渗透到馅中；二是不要挤得太干，还可适当加少许淀粉收菜汁；三是将挤出的菜汁代替水来和面，或者用来做汤喝。

家常拨鱼儿

【材料】土豆100克，面粉200克。

【做法】

1.土豆洗净，蒸熟后去皮，捣成泥状；将土豆泥与面粉混合，加水揉成软面团，盖上湿布醒30分钟。

2.锅内加水，大火烧开后转中火，取部分面团放在一个盘里，左手持盘向锅边倾斜，使盘中面团流向盘边，右手持竹筷，将流向盘边的面往锅里拨成中间大、两头小的面鱼，待面鱼浮起来后，用漏勺捞到碗里即可。

3.可以根据宝宝的口味做各种浇头。

西葫芦蒸饺

【材料】西葫芦半个，肉馅200克，水发木耳10克，面粉200克。

【调料】婴儿酱油少许。

【做法】

1.将面粉中加入沸水，和成烫面团，凉凉备用；肉馅中加入婴儿酱油拌成馅。

2.西葫芦去皮去瓤，擦成丝，挤去水分；水发木耳切碎；将西葫芦丝与水发木耳碎一起拌入肉馅中，搅拌均匀。

3.将面团搓成条，揪成小剂子，擀成饺子皮，加馅包成饺子，码入屉内，用旺火蒸15分钟即可。

第 283 天
把握好炒菜的火候

营养学家告诫，蔬菜炒得时间越长，维生素C流失得越多。一些妈妈为了蔬菜的味道好些，以吸引宝宝进食，会把炒菜时间拉得长一些，这种做法不可取。

研究发现，芹菜炒5分钟，维生素C损失12%，炒8分钟损失21%，如果炒上12分钟就会损失35%；青椒炒6分钟损失13%，炒10分钟损失18%，如果再焖15分钟，那损失就会高达44%。

每一种蔬菜需要在锅里炒的时间是不同的，妈妈要在具体的实践中细细体验，积累经验。

五宝蔬菜

【材料】土豆、胡萝卜、荸荠、蘑菇、黑木耳各20克。

【做法】

1.黑木耳泡发，洗净，汆烫后切碎；土豆、胡萝卜、荸荠去皮洗净，切小片；蘑菇洗净切片。

2.锅内加油烧热，先炒胡萝卜片，再放入蘑菇片、土豆片、荸荠片、黑木耳碎翻炒，放入少许水焖熟即可。

蒜蓉空心菜

【材料】空心菜100克，蒜蓉10克。

【做法】

1.空心菜洗净，切段。

2.锅中放入少许油烧热，下入空心菜段翻炒均匀，放入蒜蓉翻炒几下即可。

第 **284** 天

断奶，要关注宝宝的感受

对于大部分已经能够接受辅食的宝宝来说，断奶时，心理上和精神上的不适应，要比消化道的不适应更为严重。所以，在断奶过程中，妈妈要注意以下问题。

在断奶过程中，妈妈不要优柔寡断，如果一看到宝宝哭闹就动摇，接着又给宝宝吃了，这样对宝宝的心理健康是非常不利的。

在断奶时，妈妈要多花一些时间来陪伴宝宝，努力安抚宝宝不安的情绪。在乳头上涂抹让宝宝难受的东西或是强行与宝宝分开，很容易让宝宝产生害怕、焦虑、愤怒的情绪，是非常不可取的办法。

断奶后仍要保证宝宝配方奶的摄取，同时注意辅食的营养搭配。

虾粉蔬菜粥

【材料】虾皮20克，胡萝卜、南瓜、圆白菜各30克，煮好的稠粥1小碗。

【做法】

1.将胡萝卜、南瓜洗净，去皮，切块，蒸熟后碾成泥；圆白菜倒入开水中煮2分钟至熟，捞出沥水，切碎。

2.将虾皮用粉碎机磨成虾粉。

3.将煮好的稠粥放入锅中，加入虾粉煮3分钟，再加入胡萝卜泥、南瓜泥、碎圆白菜，煮沸即可。

鸡蛋肉末软饭

【材料】鸡蛋1个，猪瘦肉20克，米饭1小碗。

【做法】

1.猪瘦肉洗净，剁成泥；鸡蛋打到碗里，放入猪瘦肉泥搅拌均匀。

2.锅中加少许水煮沸，放入米饭煮2分钟，将猪瘦肉泥鸡蛋液倒入锅中，搅拌均匀，煮开后转小火再煮10分钟即可。

软米饭水分较多，更适合宝宝这个时期的身体状况，容易消化，而鸡蛋猪瘦肉泥的组合，提供了宝宝需要的氨基酸、蛋白质等营养元素，很适合给宝宝做主食。

边吃边玩危害大

✳ 影响消化吸收

正常情况下，人体在进餐期间血液会聚集到胃部，以加强对食物的消化和吸收。宝宝边吃边玩就会使得一部分血液被分配到身体的其他部位，从而减少了胃部的血流量，妨碍对食物的充分消化，使得消化功能减弱，导致宝宝食欲缺乏。

✳ 容易导致厌食

宝宝吃几口饭就玩一阵子，必然延长进餐的时间，饭菜变凉，容易被污染，也会影响胃肠道的消化功能，加重厌食情绪。如果饮食营养长期跟不上，将导致宝宝身材矮小孱弱。

✳ 容易养成做事不专心的毛病

边吃边玩会使宝宝从小养成做什么事都不专心、不认真、注意力不集中、办事拖拉等坏习惯，对成长不利。

蔬菜鸡蛋饼

【材料】油菜叶（或白菜叶）300克，鸡蛋2个。

【做法】

1.菜叶洗净，切碎；将鸡蛋打散，加入碎菜，搅拌均匀。

2.炒锅内倒入极少量油，使薄薄的一层油铺在锅底，油七成热时，将鸡蛋液均匀平铺在锅底呈薄饼状，煎至两面发黄即可。

训练宝宝使用勺子

宝宝一开始拿勺子时只是用它来挥动着玩，当他在吃饭时看到大人将勺子插进饭中，他也会学着把手中的勺子插入饭中，但还不会分辨勺子的凸面与凹面。当他看到大人用勺子能盛到食物，而自己的勺子盛不到食物时就会很生气。即使偶尔能使凹面向上盛到东西，由于手的劲儿还未做好持物的准备，盛到了也因为把握不稳勺子而使得食物掉下来。

宝宝自己用勺子进食时，肯定会弄得脸上、身上和地上到处都是，可以事先给宝宝穿好围裙，让他坐在自己的专用餐椅上，下面铺上一些报纸或垫上一块塑料布，以便于饭后打扫。

妈妈喂食的同时限制了宝宝双手的自由，这种方法是最不可取的。

奶油通心粉

【材料】通心粉50克，鸡蛋1个，胡萝卜100克，蘑菇50克，鸡汤300毫升，配方奶50毫升。

【做法】

1. 通心粉煮熟备用；胡萝卜洗净，切丝；蘑菇洗净，切成细丝；将鸡蛋打散，倒入油锅中炒散备用。

2. 起油锅，加热至油七成热时，倒入胡萝卜丝、蘑菇丝，开大火快速翻炒1分钟，再倒入鸡汤，大火煮开，转中火煮5分钟。

3. 将煮熟的通心粉、炒熟的鸡蛋、配方奶倒入锅中，再次煮沸即成。

第288天
饮食安全要记牢

宝宝能够品尝的美食越来越多了，对于饮食安全，妈妈始终不能掉以轻心。比如，做鱼汤时，要注意避免鱼刺、鱼骨混在浓汤里；排骨煮久了，会掉下小骨渣，要注意除去；黏性较大的食物，要防止宝宝整吞；豆类、花生等又圆又滑的食物，要碾碎了给宝宝吃。不要在吃饭的时候逗宝宝笑；不要让宝宝拿着筷子、叉子等餐具到处爬；使用吸管时，不要在饮料里面放小粒食物；热烫的食物，不要放在宝宝面前，特别是汤类。

妈妈要经常提醒宝宝身边有哪些危险，应该怎么做，慢慢地他们就会懂得自己避险了。

香菇鸡丝面

【材料】面条50克，鸡胸肉80克，香菇30克，葱5克。

【调料】酱油1茶匙。

【做法】

1. 将鸡胸肉、葱洗净，香菇用水泡软，将鸡胸肉、香菇切成丝，葱切碎备用。

2. 将油烧热，加入葱花、鸡丝、香菇丝爆香，再倒入酱油炒入味。

3. 加适量水煮沸，放入面条煮熟即可。

第289天
宝宝受惊的饮食调理

宝宝神经发育尚不完善，放炮、小狗叫、似睡非睡时有突然的声音、生人来往较多等，都有可能导致孩子受惊。

孩子受惊可以辅以食疗，要考虑补心安神的食材，随处可见的宝宝补心安神食材有小米、牛奶、百合、灵芝、红枣、猪心、酸枣仁、茯苓、莴苣汁、西米、鹌鹑蛋、牡蛎、鳗鲡、龙眼、桑葚、葡萄、核桃、莲子、芝麻、银耳、枸杞子、黄鱼等。

6个月以内的宝宝，可以使用柠檬水、小米粥汤、红枣枸杞子水等，可以增加孩子的血清素，对安神比较好。可以给孩子吃些香蕉，也有助于安神。6个月以上的宝宝，可以食用猪血、百合、龙眼、藕、虾、蛤蜊，心肝类食物中也有安神功效的食物。

清蒸黄花鱼

【材料】黄花鱼1条，葱、姜各5克。

【调料】料酒5克。

【做法】

1.将葱、姜洗净，切丝。

2.黄花鱼洗净，鱼身上抹一层料酒，鱼腹中放入葱丝、姜丝，上笼蒸8分钟即可，吃时注意去刺，小块食用。

第 290 天
宝宝为什么会厌食

✳疾病所致

吃是人的天性，1岁之内的宝宝食欲下降，多是疾病所致。急慢性疾病，可导致胃肠动力不足（功能性消化不良）引起厌食。长期使用抗生素，都可能导致厌食。

✳受不良生活习惯影响

不良生活习惯包括吃得过多、过饱，生冷、油腻、硬性食物摄入太多，父母强迫进食，结果常常会适得其反。吃得多使宝宝胃里总有东西，血糖不下降，自然没食欲。宝宝不愿意吃是因为他的肠胃需要自己进行调节，可以暂时顺着宝宝的胃口来。

✳情绪等神经因素的影响

情绪等因素对于宝宝食欲的影响也很大。家庭不和睦或者父母对宝宝的情感表达不到位，都会使宝宝食欲不佳。

冬瓜蛋花汤

【材料】冬瓜150克，鸡蛋1个，鸡汤300毫升。

【做法】

1.将冬瓜洗净，去皮，切成菱形小片；鸡蛋打散备用。

2.起油锅，开大火，下入冬瓜片翻炒1分钟，倒入鸡汤烧开，转小火熬煮至冬瓜熟烂。

3.将鸡蛋液淋入锅中，煮1分钟即成。

宝宝感冒，有的妈妈就会马上带着宝宝看医生或自己配药给宝宝吃，恨不能马上就好了。

其实，一些不严重的感冒只要护理方法正确，比如饮食清淡、多喝水、注意保暖等，不吃药也可以痊愈。如果感冒比较严重，可以根据医嘱来服用一些药物。这样处理的前提是确定宝宝只是普通感冒。如果经过检查确诊是支原体引起的感冒、发烧，还是要配合抗生素来治疗。

医院开出的药要保证按时喂药，药效才能充分发挥。两次服药的间隔太短，宝宝体内的药会增加肾脏的负担；而间隔时间太久，病毒反复，会产生抗药性，会增加以后治疗的难度。

葱白粥

【材料】葱白30克，糯米50克，生姜10克。

【调料】米醋适量。

【做法】

1.将糯米淘洗干净，放入锅中先煮开，改用文火煨。

2.加入葱白、生姜煮至粥烂，加入米醋搅匀，即可趁热食用。

白果莲子粥

【材料】白果（银杏）30克，莲子30克，糯米100克。

【调料】冰糖5克。

【做法】

1.白果（银杏）洗净备用；莲子去莲心，洗净备用。

2.糯米淘洗干净，倒入锅中，加水，大火烧开，加入白果（银杏）、莲子、冰糖，转小火熬煮30分钟即可。

此粥滋阴润肺，止咳化痰，海底椰也有同样的效果。

服用维生素

✳ 怎么给宝宝服用维生素

将维生素滴丸里的液体直接滴在宝宝的舌头上，这样不但可以精准地计量，服用效果也更加有效。宝宝通常较喜欢这种维生素补充剂的味道。

宝宝开始食用固体食物时，可以让宝宝试试维生素咀嚼片，但是要检查标签，因为许多咀嚼片中含有一定量不必要的糖分。

✳ 维生素的选购与保存

在购买维生素补充剂时，要选择复合维生素，这样会更快被吸收，而且更加有效。

所有维生素在储存时要避光、避热和避潮，将维生素瓶口的棉花除去，置于宝宝拿不到的地方。

南瓜羹

【材料】南瓜150克，肉汤200毫升。

【做法】

1.将南瓜洗净，去皮去瓤，切成小块。

2.将肉汤倒入锅中，加入南瓜块，大火煮开，转小火熬煮10分钟至南瓜熟烂。

3.熄火后用勺子背将南瓜块捣碎，搅拌均匀即可。

此羹可提供胡萝卜素、维生素A、维生素E等。

填馅圣女果

【材料】圣女果5个，煮熟的土豆泥4大勺，蛋黄半勺，西芹末1小勺。

【调料】沙拉酱1匙。

【做法】

1.将圣女果洗净切去上端，去子挖空。

2.将煮熟的土豆泥和西芹末、蛋黄混在一起搅匀，再加入沙拉酱搅匀。

3.填入圣女果即成。

豆腐富含优质蛋白，吃起来易碎又软滑，非常适合宝宝食用。因为宝宝正在快速生长发育，身体需要优质蛋白，但牙齿还未完全长出，不能吃过多的动物蛋白，豆腐就是理想的植物性蛋白质来源。

但是豆腐也并非吃得越多越好。因为过量食用豆腐容易使体内缺铁、缺碘，而体内缺乏这两种营养素会影响宝宝的智力发育。

豆腐食用过多还容易引起腹泻、腹胀等不适，影响肠道的正常吸收，从而阻碍宝宝的生长发育。

最好把豆腐和鱼、肉、蛋搭配在一起，做成菜肴，这样既可以避免铁、碘从体内过多排出，还可以弥补豆腐中缺乏的氨基酸，一举两得。

肉末烧豆腐

【材料】豆腐150克，猪里脊肉100克，姜末2克，香葱3克。

【调料】水淀粉5克。

【做法】

1. 豆腐洗净切丁，放入沸水锅中氽烫2分钟；猪里脊肉洗净，切碎。

2. 锅中放少许油烧热，开中火，炒香姜末，下入猪里脊肉末翻炒至变色，将豆腐丁下锅，翻炒均匀。

3. 锅中加2汤匙水，大火烧开后转中火焖煮5分钟，用水淀粉勾芡，撒上香葱，翻炒均匀即可。

脑白金的主要保健成分是松果体分泌的褪黑激素。科学实验表明，褪黑激素由色氨酸转化而成。生活中以下食物富含色氨酸。

小米： 小米中的色氨酸含量在所有谷物中是最高的，而且小米蛋白质中不含抗血清素的酪蛋白。色氨酸可以刺激肠道分泌褪黑素，有助于加强褪黑素的安眠作用。

牛奶： 牛奶中含有一种能够促进褪黑素生成L－色氨酸的物质。

香菇： 分析测定，人体必需的8种氨基酸中，香菇就含有7种，而且多数属于L－氨基酸，活性高，容易被人体吸收。

葵花子： 葵花子含有亚油酸、维生素和多量色氨酸，能调节人脑细胞正常代谢，提高神经中枢作用，促进褪黑素的分泌。

猪肝拌黄瓜

【材料】熟猪肝150克，嫩黄瓜100克，姜末、蒜末各3克。

【调料】香油、醋各3克，芝麻酱1茶匙。

【做法】

1.黄瓜洗净，切丝，平铺于盘内；将熟猪肝用清水冲洗，切丝，置于黄瓜丝上面。

2.将芝麻酱用温开水调开，加入醋、香油；起油锅，爆香蒜末、姜末。

3.将调好的芝麻酱与蒜末、姜末淋在猪肝丝、黄瓜丝上，拌匀即成。

随着发育，水杯也要升级

❋软嘴饮水杯

开始自己喝水时宝宝可能把握不好递送的力度，也未必就可以一下掌握"喝"的能力。为防止宝宝柔软的嘴唇受到伤害，且不至于把杯里的东西洒得到处都是，妈妈应该选择软嘴的饮水杯，一定要注意防漏。可以选择魔术杯或"不滴落"水杯。

❋吸管杯

由于宝宝喜欢啃咬吸管，所以刚开始最好选用软管杯子，选购时最好注意选择安全无毒、可高温消毒的材质。宝宝慢慢就会掌握吸而不漏的技巧了。

银耳莲子绿豆糖水

【材料】莲子、水发银耳各15克，绿豆50克，枸杞子5粒。

【调料】冰糖5克。

【做法】

1.莲子、绿豆洗净，倒入锅中，加水，大火烧开，转小火熬煮10分钟。

2.银耳洗净，撕碎，加入锅中，继续用中火熬煮10分钟。

3.银耳碎将融化时下入冰糖和枸杞子，再用小火煮5分钟即可。

第9章 11个月
学习咀嚼要循序渐进

11个月的宝宝

宝宝已普遍长出上下切牙，能咬较硬的食物，喂养也要由婴儿方式逐渐过渡到幼儿方式，每餐的进食量增加，餐数适当减少。这个时期的宝宝生长发育较迅速，父母要为之补充足够的碳水化合物、蛋白质和脂肪。

第 **11** 个月

11个月宝宝喂养要点

这个月龄的宝宝营养需求和上月没有什么大的差别，每日每千克体重需要供应热量110千卡，蛋白质、脂肪、碳水化合物（糖）、矿物质、维生素、微量元素、纤维素的摄入量和比例也差不多。

11个月宝宝喂养指导

这个阶段，有的宝宝可能已经断奶了，饮食也已固定为早、中、晚一日三餐，主要营养的摄取，已由奶转为辅食，即宝宝的饮食已不是以母乳（或乳制品）为主，而是由辅食来替代，变辅食为主食。

如果发现宝宝食欲下降，也不必担忧。吃饭时不要硬塞，不要严格规定宝宝每顿的饭量，以免引起宝宝厌食，只要一日摄入的总量不明显减少，体重继续增加即可。

如果宝宝进餐时哭闹、发脾气，就容易导致食欲缺乏、消化功能紊乱。

除一日三餐外，妈妈还会给宝宝添加一些小点心，吃点心应该每天定时，不能随时都喂，有些饭量大的宝宝，没吃点心就长得够胖了，可以用水果代替点心来满足他旺盛的食欲。此外，妈妈在购买点心时，不要选太甜的点心，如巧克力等不能作为点心给孩子吃。

多和宝宝一起进餐

宝宝的每日三餐可以和大人的进餐时间安排在一起。当宝宝看到大人吃饭的样子时，宝宝的嚼食动作也会有所进步。当宝宝和大人一同进餐时，吃饭时间要以宝宝为准，以便养成宝宝规律进餐的习惯。在吃饭时，妈妈要先喂宝宝，然后自己再吃。有时宝宝会想吃大人的食物，但是不要给他，因为大人的食物对宝宝来说又硬又咸，不适合宝宝吃。

宝宝食材巧处理

✿西红柿

一定要将西红柿的皮和子都去掉，这样才有利于宝宝食用。将西红柿划出十字形刀痕，放入热水中烫20秒左右，取出泡冷水，剥去表皮。再将西红柿横切成两半，用小汤匙将子挖出来即可。

✿熟面食

将煮熟的面条上面盖一层保鲜膜，然后用擀面杖隔着保鲜膜由上往下不断地滚压。将面条压烂后揭开保鲜膜，适合咀嚼期的宝宝食用的面条就处理好了。

✿让鱼更美味

选购深海鱼时，要购买略带脂肪的部位，因为这样宝宝吃起来才不会感觉难以入口。要除去鱼腥味。锅置火上加热，在热水中加少许醋，再放入鱼肉。鱼肉煮滚后，用玉米粉或淀粉勾芡淋在鱼肉上即可，这样可以使鱼肉变得滑嫩、味美，宝宝也更喜欢吃。

梅子山药

【材料】山药150克，西梅、话梅各10克。

【调料】酸梅晶20克，白糖10克。

【做法】

1.山药去皮切长条，放入开水中煮至断生即可，出锅过凉水，码入盘中。

2.酸梅晶用水稀释，上火熬，放入西梅、话梅、白糖，熬至汁稠为止。

3.汁凉后，淋在山药条盘中即可。

断奶前期储备

如果打算断奶，妈妈要从以下几方面观察一下宝宝是否准备好了。

❋ 吃辅食是否正常

有的宝宝快1岁了也不愿意吃辅食，而只吃母乳或者奶粉。气质敏感、缺乏安全感的孩子，对待母乳和奶瓶会比较执着。味觉敏锐的孩子，不适应辅食的味道，也会只吃乳制品。

❋ 能否抓住碗筷和勺子

如果这方面没有任何准备就直接让孩子断奶，是不符合客观规律的。妈妈从孩子手里夺下勺子喂孩子的做法，只能让孩子变得更加依赖奶瓶和奶制品，不利于培养孩子的自立性。

❋ 是否愿意和大人一起吃饭

为了养成正确的饮食习惯，首先应该要求孩子在规定的时间内坐到餐桌旁边，让他对各种食物的食用方法产生兴趣。吃辅食的时候，让孩子坐到餐桌旁，或者在大人吃饭的时候，让孩子坐在身边吃辅食，通过这样的方式吸引孩子的注意。

鸡肝肉饼

【材料】豆腐100克，鸡肝50克，猪肉200克，鸡蛋1个，葱末3克。

【调料】酱油3克。

【做法】

1.豆腐洗净，放入沸水中煮2分钟，捞出沥水，切去表皮，用汤匙搅成泥。

2.鸡肝、猪肉洗净，分别切泥；鸡蛋打到碗里，取出蛋黄，将蛋清打散。

3.将豆腐泥、鸡肝泥、猪肉泥混合，置于大碗里，放入蛋白液，加入葱末、酱油，搅拌均匀。

4.将上述调制好的馅料放在碟子上，摊成圆形饼，上笼蒸15分钟即可。

改变食物的口感，纠正挑食

对宝宝来说，他们讨厌吃干涩的食物，并非食物的味道不好，而是因为口感不好，如鸡肉。虽然鸡肉不是非吃不可的食物，从鱼肉等食物中也能获取到蛋白质，但是尽量要让宝宝吃些鸡肉。这时可在冷冻鸡肉泥中加入宝宝用的白色酱汁，或混入原味酸奶，让肉类变成泥状，有较顺滑的口感。也可以少量混入他喜欢的食物中，宝宝就愿意吃了。

如果辅食种类和口味单一，缺少变化，宝宝难免会吃腻，可将咖喱汁或奶油加到稀饭里。宝宝通常不喜欢青椒或菠菜等深绿色蔬菜特有的青涩味，即使拌入稀饭里也会吐出来，可在煮蔬菜时加一小撮砂糖，这样就能中和青涩味和苦味。通过改变原有辅食的色泽或味道，宝宝或许就会爱吃了。

南瓜杂粮粥

【材料】南瓜200克，玉米糁30克，小米30克，粳米50克。

【做法】

1.粳米、小米、玉米糁混在一起，洗净，加水浸泡半小时。

2.南瓜洗净，去皮去子，切成小丁。

3.将粳米、小米、玉米糁、南瓜丁倒入锅中，加水煮开，转小火熬煮20分钟即可。

可以加入的粗粮选择众多，随宝宝的喜好而定。如果宝宝对粗粮的口感比较敏感，可减少添加比例。

第 304 天

挑食时，吃一点就鼓励

❀ 只吃一点就极力赞美

以赞美来应对宝宝对食物的癖好是不错的办法。平时他会抗拒的食物，妈妈一试再试，在他终于肯开口吃的时候，即使只吃小小的一口，都要大大地赞美他："太棒了，宝宝好会吃呀！"还可以一边笑着一边拍拍手，宝宝感受到被赞美与鼓励，就会努力将食物吃完，而且也变得很高兴的样子。

❀ 看到和父母的餐点相同，就愿意吃一点儿

宝宝平时不吃肉和胡萝卜，看到大人在吃时可能会想要，这时不妨花点儿工夫，将他的食物在外观上做得和大人吃的一模一样，再盛入相同的容器中，宝宝就会一点一点慢慢开始接受。与其说宝宝讨厌某种食物的味道，不如说他认为自己吃的东西和别人的不一样吧。

菠菜鸡肝面

【材料】挂面50克，鸡肝50克，菠菜2棵，胡萝卜30克，高汤300克。

【做法】

1.将菠菜洗净切碎；胡萝卜洗净，去皮切碎；鸡肝洗净切片，倒入开水中汆烫5分钟，捞出切碎。

2.高汤倒入锅中，加适量水煮沸，下入挂面煮3分钟，加入鸡肝碎、胡萝卜碎再次煮沸后，加入菠菜碎再煮1分钟即可。

在给宝宝选购餐具时，最好去母婴用品专卖店里挑选。首选质量有保障的品牌，还要在以下几方面稍加注意。

卫生因素： 给宝宝使用的餐具最好是能方便清洗和消毒的，可以给宝宝使用厚一点儿的不锈钢碗、匙，这样既不容易打碎，还可以定期进行煮沸消毒。

防止铅中毒： 在彩釉餐具和油漆餐具中都有铅元素，遇到酸性物质时，铅就有可能从中分离出来，同食物一起进入宝宝体内，时间长了，就可能造成铅中毒。因此不要让宝宝使用彩釉餐具，最好用原木或竹汤匙。

安全因素： 餐具应光滑，不能有尖锐的棱角，以免刺伤宝宝。

菠萝平鱼

【材料】平鱼1条，菠萝250克，柠檬半个。

【调料】水淀粉10毫升，冰糖3克。

【做法】

1.菠萝洗净，切小块；平鱼洗净，在鱼的两侧各划两刀；柠檬洗净，去皮去子，切块，置于榨汁机中榨成汁，备用。

2.油锅烧热，放入平鱼，用中火将两面各煎至金黄色，盛出备用。

3.锅中留油继续烧热，加入菠萝块，翻炒1分钟，再加入水淀粉、冰糖，煮至冰糖溶化，汤浓稠，出锅淋在平鱼上，最后将柠檬汁淋在平鱼上即可。

✿ 围嘴或罩衣

半岁以前为防止宝宝弄脏自己胸前的衣服，使用围嘴即可。半岁以后，随着宝宝活动的范围大大增加，就需准备带袖罩衣。材质方面，纯棉的表面更能吸水，而且柔软透气，如果底层能有不透水的塑料贴面就更好了。宝宝喝水、吃饭，再多的口水都不会渗到围嘴下面的衣服上了。但妈妈要注意，围嘴不宜选用橡胶、塑料材质的，既不舒服又易过敏。

✿ 口水巾

进食时随时需要擦拭宝宝的大花脸与脏手，要多备几条口水巾，注意口水巾要经常清洗晾晒。

胡萝卜软饼

【材料】胡萝卜半根，鸡蛋2个，面粉150克。

【调料】盐2克，香油1滴。

【做法】

1. 胡萝卜洗净去皮，擦成丝；锅入少许油，下入胡萝卜丝，中小火煸炒至胡萝卜丝变软。

2. 鸡蛋打散，放入炒好的胡萝卜丝；调入盐、香油拌匀，再倒入面粉和水搅匀。

3. 平底锅抹油，倒入面糊（薄厚随意），小火两面煎熟即可。

紫菜是"营养宝库"

紫菜营养丰富，有"营养宝库"之称，其蛋白质含量超过海带，并含有较多的胡萝卜素和核黄素，每200克紫菜，含核黄素2毫克~3毫克；对人体有很好保健作用的不饱和脂肪酸——亚油酸、亚麻酸及十八碳四烯酸含量较多，被人们誉为"脑黄金"的二十碳五烯酸含量也非常高。紫菜中还含有多种维生素，如B族维生素，特别是维生素B_{12}含量很高，与鱼肉相近；维生素C的含量也很高，同时含有较多的矿物质，如钙、铁、锌等。

如宝宝对海产品过敏，妈妈在制作辅食时应谨慎选用紫菜。

紫菜海味汤

【材料】紫菜20克，虾仁5个，香菇2朵，鸡蛋1个，高汤100毫升。

【做法】

1.紫菜洗净，撕碎；虾仁洗净，去虾线，剁成泥；香菇洗净，切细丝；鸡蛋打散。

2.高汤倒入锅中，加适量水，大火煮开，放入虾泥、紫菜碎、香菇丝，再次煮开。

3.转小火煮15分钟左右，淋入蛋液，再煮1分钟即成。

训练宝宝使用餐具

让宝宝自己动手吃饭很有挑战性，宝宝不但会将身上弄得脏兮兮的，还会将食物散落满地。尽管如此，妈妈还是要多点儿耐心，多点儿包容，陪宝宝摸索餐具的使用方法。

❋勺的使用

妈妈可以从旁协助宝宝用勺子进食，宝宝不小心将汤匙摔在地上时，妈妈也要有耐心地引导，不要严厉指责宝宝，以免影响宝宝练习的积极性。一般到宝宝1岁左右，就可以灵活运用汤匙了。

❋碗的使用

宝宝到了10个月左右，就可以为他准备底部宽、较轻的碗让他试着使用。由于宝宝的力气较小，装在碗里的东西最好不要超过1/3，以免过重或容易溢出。拿碗时，让宝宝用双手握住碗两旁的把手。到2岁时，就可以让宝宝学习一手托住碗，一手拿汤匙吃饭了。

南瓜百合粥

【材料】粳米50克，南瓜150克，百合50克，枸杞子5粒。

【做法】

1.粳米淘洗干净，浸泡30分钟；南瓜去皮去子，洗净切块；百合去皮，洗净切瓣，焯水烫透，捞出沥干备用。

2.锅中加水，大火烧开，放入粳米煮沸，再下入南瓜块、百合瓣、枸杞子，转小火煮20分钟即可。

第311天
循序渐进断奶

平时给宝宝添加辅食的过程中，要用勺子喂食，用杯子喝水，这样可以锻炼宝宝咀嚼和吞咽固体食物的能力，为断奶打下基础。

断奶一定要循序渐进，选择自然过渡、水到渠成的方法，应为宝宝创造一个慢慢适应的过程，千万不可强求。适当延长断奶的时间，酌情减少喂奶的次数，并逐步增加辅食的品种和数量，慢慢由一餐辅食或配方奶取代一餐母乳，逐渐过渡到取代两餐、三餐母乳。每个宝宝都有自己的独特情况，大多数宝宝到1岁半左右就能够完全断奶了。

缤纷水果捞

【材料】苹果、火龙果、橙子、香蕉、西瓜各适量。

【调料】椰浆50克，淡奶50克，冰糖10克，清水150克。

【做法】

1.取一只小锅，锅中倒入清水，放入冰糖，小火将冰糖熬化，制成冰糖水，凉凉备用。

2.将所有水果切成小粒（大小尽量保持一致）。

3.将椰浆、淡奶倒入凉凉的冰糖水中，搅拌均匀后，放入冰箱内冷藏25分钟取出，将切好的水果粒放入拌匀即可。

清蒸三文鱼

【材料】三文鱼肉300克，葱、姜丝各3克。

【调料】生抽3克。

【做法】

1.将三文鱼肉洗净，置于盘内；姜丝铺在鱼肉表面，入锅中隔水蒸8分钟。

2.葱洗净，切丝，平铺在鱼肉上，淋上生抽。

3.炒锅烧热，倒入少许油，油冒烟后迅速浇在葱丝上面即可。

断奶的程序

✿ 少吃母乳，多吃配方奶

开始断奶时，可以每天都给宝宝喝一些配方奶。尽量鼓励宝宝多喝配方奶，但只要他想吃母乳，妈妈都不该拒绝他。

✿ 断掉睡前奶和夜奶

宝宝睡觉时，可以改由爸爸或家人哄睡，妈妈避开一会儿。宝宝见不到妈妈，刚开始要哭闹一番，但是没有了想头，稍微哄一哄也就睡着了。宝宝一次比一次闹得程度轻，直到有一天，宝宝睡觉前没怎么闹就乖乖躺下睡了，断奶初战告捷。

✿ 爸爸的辅助作用

断奶前，要有意识地减少妈妈与宝宝相处的时间，增加爸爸照料宝宝的时间，给宝宝一个心理上的适应过程。让宝宝明白爸爸一样会照顾他，而妈妈也一定会回来的。对爸爸的信任，会使宝宝减少对妈妈的依赖。

猪肝瘦肉粥

【材料】鲜猪肝100克，鲜瘦猪肉150克，粳米50克。

【调料】生抽3克。

【做法】

1.将鲜猪肝洗净，剁成泥；鲜瘦猪肉洗净，剁成泥；瘦猪肉泥、猪肝泥混在一起搅拌均匀，淋入生抽腌5分钟。

2.锅中加入适量水煮沸，将粳米淘洗干净，倒入锅中大火煮沸，转小火熬煮10分钟。

3.锅中加入拌好的肉泥，继续小火熬煮10分钟即可。

患口腔炎时，最为头痛的是病程后期，咽部疼痛症状明显，以致影响水分的摄入。妈妈要耐心地陪着孩子熬过这个阶段。即便喂水很难，也要少量多次给宝宝喂偏凉的水或奶、粥等，避免出现脱水。为鼓励宝宝多进食液体，可提供果汁，但喝了果汁以后，要喝2~3口白水冲刷咽部，以免果汁中的糖分附着于损伤的咽部，出现继发细菌感染。

冰凉的饮料具有麻醉效果，也是一个好选择。

辅食要选用刺激少、柔软，不需要咀嚼、口味淡的食物。如果无法一次吃很多时，请多次少量进食。大便比较稀时，可以多吃奶油、鲜奶油等高热量的食物。

避免食用绞肉、饼干等会残留在口腔内的食物，也要避免食用柑橘类等酸性食物。

西红柿疙瘩汤

【材料】面粉100克，西红柿1个，鸡蛋1个，姜末少许。

【调料】香油少许。

【做法】

1.西红柿洗净，切小块；鸡蛋打散，备用。

2.炒锅放入食用油烧至八成热，煸姜末，放入西红柿小块炒出红油，加入适量水，大火烧沸。

3.将盛有面粉的碗放在水龙头下，将水量调小，缓缓滴在面上，用筷子将面粉拌成小粒，再轻轻地把小面粒拨到锅里，煮沸后淋入蛋液，再次煮沸，加香油调味即可。

冬季饮食宜温补

适于冬季吃的水果有苹果、梨、柚子、橘子等；适于冬季吃的动物性食品有猪肉、牛肉、羊肉、鸡肉、鱼、虾等。

特别推荐豆制品，豆制品是冬季菜肴很好的原料，如豆腐干与红烧肉同煮、内酯豆腐做肉羹或鱼羹、白菜猪肉豆腐煲等，都是适合宝宝的营养佳肴。

另外，冬天的食物应以热食为主。教给妈妈一个小窍门，用勾芡的方法可以使菜肴的温度不会降得太快，如羹糊类菜肴。与夏季菜肴的清淡不同，冬季的菜肴可以做得稍微厚重一些。

排骨汤面

【材料】排骨100克，宝宝面条30克。

【做法】

1.排骨洗净，放入锅中汆烫去血水后洗净。

2.将排骨放入锅中，加适量水，大火煮开后，转小火炖1小时。

3.排骨汤煮好后，放入宝宝面条煮熟即可。

小米金瓜鸡肉末粥

【材料】小米30克，糯米30克，南瓜100克，煮熟的栗子仁50克，鸡肉100克，去核红枣3颗。

【做法】

1.将糯米、小米淘洗干净；红枣洗净备用；南瓜洗净去皮切小块；熟栗子仁切碎。

2.鸡肉洗净，切片，置于蒸锅中隔水蒸10分钟至熟，出锅后切碎。

3.将淘洗好的糯米、小米，鸡肉碎、红枣和南瓜块一起放入锅里，大火烧开后改小火，熬煮1小时左右至熟，关火。

4.加入栗子碎拌匀即成。

多食蔬菜防感冒

冬天，寒冷的气候使得体质较弱的宝宝很容易患感冒，而且冬天也是各种传染病的多发期。因此，妈妈要从饮食入手，增强宝宝的身体抗寒和抗病能力。冬季，宝宝尤其要多食蔬菜，以预防感冒。

可以从扩大蔬菜品种方面着手，让宝宝愿意吃蔬菜，如从绿叶菜（青菜、菠菜等）、甘蓝族蔬菜（卷心菜、包心菜、花菜等）、根茎类菜（土豆、冬笋、萝卜、胡萝卜等）、菌菇类等各种蔬菜中去挑选宝宝爱吃的蔬菜。为了让宝宝自己接纳蔬菜，妈妈要耐心。

糖拌西红柿

【调料】西红柿1个，白砂糖少许。

【做法】

将西红柿洗净，切片，撒白砂糖拌匀即可。

土豆山药泥肉丸子

【调料】土豆半个，山药100克，猪肉150克，胡萝卜80克，香菇3朵，姜5克。

【做法】

1.土豆、山药洗净，去皮切块，置于蒸锅中蒸10分钟后压碎成泥；胡萝卜洗净，切碎；香菇洗净，切碎；姜洗净，切末。

2.猪肉洗净，剁成泥。

3.将土豆泥、山药泥、胡萝卜碎、香菇碎、姜末一起加到肉泥里，搅拌均匀，捏成丸子，置于蒸锅，隔水中火蒸10分钟即可。

蛋白质补充要点

✤ 不必额外添加蛋白粉

如果宝宝的生长发育正常，没有蛋白质缺乏的情况，根本不必额外添加蛋白粉。过量的蛋白质不仅不能被机体利用，反倒要转化成含氮废物，随尿液排泄，加重肾脏的负担。因此，只需要在膳食方面注意蛋白质的添加就可以了。

✤ 膳食补充蛋白质更科学

奶、蛋、鱼、瘦肉等动物性蛋白质含量高、质量好，大豆含有丰富的优质蛋白质，谷类含有约10%的蛋白质，因此在日常饮食中多摄入奶、蛋、瘦肉、大豆类食品，有助于宝宝补充蛋白质。

忌一次给宝宝食用大量高蛋白食物。这是因为宝宝的肝、肾功能较弱，不能消化吸收一次性摄入的大量高蛋白质食物，容易引起脑组织代谢功能发生障碍，也就是蛋白质中毒症。

毛豆粥

【材料】毛豆100克，粳米50克。

【做法】

1.锅中放入水煮沸，放入洗净的粳米，大火煮开，转小火熬煮20分钟。

2.毛豆洗净，去皮去膜，煮10分钟后放入搅拌器中打碎。

3.将打碎的毛豆放入煮好的粥中拌匀即可。

第319天
防治小儿发热的饮食

发热是身体对外来细菌、病毒侵入的一种反应，是人体一种天生的自我保护功能，适当的发热有助于激发身体的免疫力。宝宝发热时，新陈代谢会大大加快，其营养物质和水的消耗将大大增加。而此时消化液的分泌却大大减弱，胃肠的蠕动速度开始减慢。所以对于发热的宝宝，一定要给予充足的水分，补充一定的矿物质和维生素，供给适量的能量和蛋白质。以流质和半流质饮食为主，提倡少食多餐。

西瓜皮芦根饮

【材料】芦根（干）20克，西瓜皮100克。

【调料】冰糖10克。

【做法】

1.芦根洗净切段；西瓜皮洗净，切块。

2.锅中放适量水，将芦根段放入锅中，煮20分钟后，加入冰糖调匀，凉凉。

3.将西瓜皮块放入芦根水中，待凉后饮用即可。

金银花米汤

【材料】金银花10克，粳米50克。

【做法】

1.粳米淘洗干净，浸泡30分钟；金银花洗净。

2.锅中加入适量水煮沸，放入粳米，大火煮沸，转小火煮10分钟后加金银花同煮，10分钟后熄火即可。

第 320 天
不爱吃米饭怎么办

有的宝宝天生就不喜欢吃米饭，但是也有的宝宝是因为天气太热而吃不下米饭。因此有的家长就担心，不吃米饭会影响宝宝的正常发育。如果宝宝吃的米饭较少，但只要宝宝能吃其他主食以及鱼、鸡蛋或肉类等，就不会影响其正常的生长发育。在盛夏时节，如果宝宝一点儿米饭都不吃，但只要宝宝精神状态良好，就不必担心。

实际上，在人的成长过程中并不是不吃米饭就不行。因为米的营养成分是糖和植物性蛋白质，如果不吃米饭而吃面条等食物，同样可以充分摄取到糖和淀粉。所以宝宝即使不吃米饭也不必为之苦恼。

鸡蛋番茄柳叶面片

【材料】标准粉适量，鸡蛋1个，番茄1个。（事先炒成鸡蛋番茄卤汤）

【做法】

1. 将和好的面团揉匀，用擀面杖擀成大薄片，横向切成1厘米宽的小条，再斜着切成2厘米刀距的斜条，面片就都被切成平行四边形了。

2. 将面片煮熟捞出。

3. 拌入炒好的鸡蛋番茄卤汤即可。

如何防治小儿上火

对于爱"上火"的宝宝饮食应以清淡为主，要多吃些蔬菜，如白菜、芹菜、莴笋、茄子、花菜等。忌食辛辣、油腻的食物，多吃水果。

芹菜雪梨汁

【材料】芹菜100克，西红柿1个，雪梨1个，柠檬1/4个。

【做法】

将芹菜、西红柿、雪梨、柠檬分别洗净后切碎，一同放入榨汁机中榨成汁即可。

冬瓜银耳汤

【材料】冬瓜100克，干银耳5克。

【调料】香油少许。

【做法】

1.将冬瓜去皮、瓤，切成片状；干银耳温水泡发，洗净，撕成小朵。

2.锅中放入适量水煮沸，将银耳朵和冬瓜片放入，大火煮沸，小火煮至软烂，加入少许香油即可。

第322天

饥饿性腹泻，不宜限制饮食

治疗宝宝腹泻时适量限制饮食，可使消化道充分休息，减少腹泻次数。但长时间地控制饮食，宝宝食量过小，使胃肠功能减弱，再稍增加乳量，也可引起腹泻，即饥饿性腹泻。此时患儿大便多呈黏液便，不成形。虽然次数多，但每次量少化验无异常，大便培养呈阴性。这说明此种腹泻是非感染性的，无须用药，只要逐渐加强营养，细致喂养，增加辅食，即可好转，绝不可滥用抗生素，注意也不可反复限制饮食。

可以从少量开始增加宝宝的食量，如果增加喂养量以后宝宝大便次数没有增多，妈妈就可以继续加量。即使宝宝大便一天增加1～2次，也可坚持下去。就是这样边观察、边增加宝宝的食量，直到给出的食量适合宝宝为止。

南瓜香椰奶

【材料】南瓜150克，椰奶200毫升，配方奶100毫升。

【做法】

1. 南瓜洗净，去皮，去子，切小块，放入蒸锅中隔水蒸8分钟至熟。

2. 将蒸熟的南瓜块倒入榨汁机内，加入椰奶、配方奶搅拌均匀即可。

三餐之外，要给宝宝加餐

随着宝宝消化功能的增强，运动量也越来越大，每天只吃三餐不能满足宝宝发育的需要，还应该在两餐之间加一次餐。

加餐要定时：最好安排在两餐之间，睡前可以给宝宝喝些牛奶或吃些水果，但最好不要吃饼干或其他甜食，否则对胃和牙齿都不好。对爱吃甜食而又较胖的宝宝来说，可给予热量少的水果、果汁或酸奶等；饭量小的宝宝则可给予饼干、蛋糕、面包或牛奶等。

什么样的加餐好：各种乳制品含有优质的蛋白质、脂肪、糖、钙等营养素，因此应保证宝宝每天食用。酸奶、奶酪可作为下午点心，牛奶可在早上和睡前食用。水果加餐也有助于促进食欲，帮助消化。糕点含有蛋白质、脂肪、糖分等，作为下午的点心，为宝宝补充热量，但不能把糕点作为主食，尤其不能在饭前吃。

彩椒番茄

【材料】彩椒半个，洋葱100克，番茄半个。

【做法】

1.彩椒洗净，去子切丁；洋葱洗净切丁；番茄洗净，汆烫去皮，切丁。

2.起油锅，中火烧至七成热时加入洋葱丁、彩椒丁翻炒1分钟，再加入番茄丁炒2分钟。

3.锅中加水煮沸，转小火煮2分钟至蔬菜软烂即可。

食物硬度以能用牙龈嚼碎为宜

满9个月以后，很多宝宝上下各长出两颗门牙，能用牙龈咀嚼软的食物。即便妈妈已经充分考虑到宝宝用牙龈咀嚼食物的情况，难免还会出现宝宝难以嚼碎或不易消化的现象。如果宝宝往外吐食物或被呛住，妈妈就要考虑食物可能是做得太硬了，要做得更松软些。一般来说，只要是妈妈能用手捻碎的食物，宝宝就能用门牙和牙龈嚼碎。

食物的形状过大也会使宝宝无法正常咀嚼，食物大小要做得刚好适合宝宝嘴巴，培养宝宝细嚼慢咽的良好进食习惯。不要把宝宝喂得腮帮鼓胀，或催促宝宝将食物快速吞下去，否则宝宝会养成狼吞虎咽的不良习惯。

香菇红枣鸡肉粥

【材料】粳米50克，香菇2朵，红枣5颗，鸡肉150克。

【做法】

1. 鸡肉洗净，剁成泥；红枣洗净，去核备用；香菇泡软洗净，切碎。

2. 锅中放入水煮沸，粳米淘洗干净，倒入锅中煮沸，再加入碎香菇、鸡肉泥、红枣，大火煮开，转小火熬煮20分钟即可。

红薯南瓜饭

【材料】红薯100克，粳米50克，南瓜100克。

【做法】

1. 将红薯洗净，去皮切小块；南瓜洗净，去皮切小块。

2. 锅中放入水煮沸，粳米淘洗干净，倒入锅中，加入南瓜块和红薯块，大火煮开，转小火熬煮20分钟即可。

刺猬丸子

【材料】猪肉馅50克，鸡蛋1个，江米25克，清水15克，葱末、姜末各少许，枸杞子适量。

【调料】香油、料酒各适量，水淀粉10克。

【做法】

1.将江米用凉水泡40分钟，滤干水后待用。

2.将猪肉馅放入盆内，加入鸡蛋、水淀粉、香油、料酒、葱末、姜末、清水，用力搅拌，待有黏性时，搓成大小相等的丸子。

3.将丸子逐个沾一层江米，加枸杞子点缀，放入盘内，上笼用旺火蒸25分钟即成。

第326天
进餐时间与成人相似

现在，宝宝进食辅食的时间除上午10点和下午6点外，增加了下午2点的一次，这基本与成人的进餐时间相似，有利于宝宝养成正常的饮食习惯。

等到断奶后期，宝宝完全适应了吃饭后，妈妈可逐渐停止给宝宝喂奶。即使继续给宝宝喂奶，也要减少喂奶量。妈妈可将每天喂奶次数改为两次，如早晨和中午各一次，或早晨和晚上各一次，两次共喂400毫升奶。如果给宝宝喂配方奶，则要注意使用与宝宝成长阶段相适应的奶粉型号。

可以将大人和宝宝的餐点同时烹调，省事的方法有很多种。比如菜肴熟了后，先将宝宝的盛出来再放盐；大人的米粥盛出之后再加入碎菜或肉末。

豆腐软饭

【材料】粳米100克，豆腐、青菜各100克，骨头汤300毫升。

【做法】

1.将青菜洗净，切末；豆腐洗净，捣成泥。

2.将粳米淘洗干净，放入适量水，煮成软饭。

3.将软饭倒入锅中，加入骨头汤，中火熬煮5分钟，加入豆腐泥、青菜末，继续煮3分钟即成。

第327天
给30分钟时间进食

宝宝常会用勺子弄翻饭碗，或将手伸进碗里乱抓，这是宝宝想独立吃饭的表现。因此，妈妈在这一时期要做一些能让宝宝抓食的食物，将煮熟的蔬菜条或紫菜包饭等食物放到宝宝手里，让宝宝自己将食物放进嘴里，用门牙咬断食物，用牙龈咀嚼，再吞咽进去。

宝宝不但喜欢自己拿着东西吃，而且喜欢边吃边玩。有的宝宝刚开始时吃得好好的，但没过多久就将食物乱抓乱拍或扔到地上。此时，妈妈要让宝宝认识吃和玩的区别，训练宝宝专心吃饭。可以允许宝宝边吃边玩30分钟，然后从宝宝手里拿走食物，表示坚决不允许宝宝这样做。

海鲜粥

【材料】粳米30克，虾2只，鲷鱼50克，芹菜30克，姜丝少许。

【做法】

1.粳米淘洗干净，放入锅中加适量水煮沸，再用小火煮30分钟。

2.芹菜洗净，切成碎丁；虾洗净，去壳及肠线；鲷鱼切片；虾和鲷鱼用沸水汆烫备用。

3.将虾仁和鲷鱼片、芹菜丁、姜丝放入粥锅中，大火煮沸至虾仁熟透即可。

第 **328** ~ **329** 天
缓解呕吐的食疗方

呕吐是宝宝常见症状之一，可由消化系统疾病引起，也可见于全身各系统和器官的多种疾病，其可以为单一的症状，也可以是多种危重疾病的复杂症状之一。稍有疏忽，常可延误诊断，甚或危及生命。因此对呕吐必须认真分析，找出病因，及时处理。

呕吐常伴有恶心，呕吐物量多少不定，妈妈要细心调理。

要让宝宝坐起，把头侧向一边，以免呕吐物呛入气管。

呕吐后要用温开水漱口，清洁口腔，去除臭味。宝宝可通过勤喝水，清洁口腔。

勤喂水，少量多饮，保证水分供应，以防失水过多，发生脱水。水温应冬季偏热，夏季偏凉，温水易引起呕吐。

藕汁生姜露

【材料】鲜藕100克，生姜10克，粳米50克。

【调料】冰糖5克。

【做法】

1.将莲藕洗净，去皮，切块；生姜洗净，切块。

2.粳米淘洗干净，倒入锅中加水，大火煮沸后转小火熬煮15分钟左右，盛出，再将粥表层的米汤倒回锅里。

3.将莲藕块、生姜块放进榨汁机中，加入适量水榨成汁。

4.将榨出的汁和米汤一起倒入锅中煮沸，加入冰糖，继续煮约5分钟即成。

第330天
断奶时应给宝宝适应期

妈妈给宝宝断奶时，应避开乳腺炎发病期，以免加重病情。停止哺乳后，应当任乳房胀满，一般1周左右即可胀回。其间不要让宝宝再吮吸，也不要用吸奶器吸或用手挤出乳汁，以免延长回乳时间。用毛巾勒住胸部、用胶布封住乳头，这些违背生理规律的所谓"快速断奶法"，很容易引起乳房胀痛，是绝对不可取的。

1岁左右的宝宝在心理层次上属于口欲期，突然断奶会让宝宝失去安全感，情绪变得不稳定甚至焦虑。因此，断奶应在逐步改变宝宝吃奶固定习惯的同时，给宝宝添加丰富多样的辅食，让宝宝摄取足够的营养。通过用勺子吃饭、用杯子喝水，也能让宝宝有个心理适应期。

什锦猪肉菜末

【材料】瘦猪肉150克，番茄半个，胡萝卜、洋葱、柿子椒各50克，高汤300毫升。

【做法】

1.将瘦猪肉洗净，剁碎备用；胡萝卜、洋葱、柿子椒分别洗净，切碎备用；番茄洗净，用开水烫去皮，切碎。

2.将高汤倒入锅中，加入备用猪肉碎、胡萝卜碎、洋葱碎、柿子椒碎，大火烧开，转小火煮8分钟左右，至肉与菜均软烂。

3.锅中加入碎番茄，中火煮2~3分钟，关火即成。

第 **10** 章

12个月
细嚼慢咽，培养宝宝
饮食好习惯

12个月的宝宝

12个月的宝宝已经基本能够行走了，这一变化使宝宝的眼界突然变得开阔。这个时期，好奇宝宝很多事都愿意自己动手做，虽然还拿不好勺子，但是喜欢拿着食物吃，不喜欢妈妈喂了。

第 12 个月

12个月宝宝喂养要点

12个月的宝宝可吃的蔬菜种类增多了，除了刺激性大的蔬菜，如辣椒、辣萝卜，基本上都能吃。要注意烹饪方法，尽量不给宝宝吃油炸的菜肴。随着季节吃时令蔬菜是比较好的，尤其是在北方，反季菜都是大棚菜，营养价值不如大地菜。最好也随着季节吃时令水果，但柿子、黑枣等不宜给宝宝吃。

12个月宝宝喂养指导

大部分12个月的宝宝已经或即将断母乳了，饮食结构会有较大的变化。除了三餐两顿点心之外，早晚还要各喝一次配方奶。辅食提供总热量2/3以上的能量，成为宝宝的主要食物。

这个月里，宝宝能吃的饭菜种类很多，如面条、面包、馒头、花卷等，但由于宝宝的臼齿还未长出，不能把食物咀嚼得很细，因此，饭菜还是要做得细软一些，以便于消化。这时食物的营养应该更全面、更充分，除了瘦肉、蛋、鱼、豆浆外，还有蔬菜和水果。食物要经常变换花样，巧妙搭配，尽早培养宝宝独立进食习惯。

从现在开始，宝宝的饮食生活已基本和家庭其他成员的一致。父母能吃的日常食物，宝宝一般都能吃了，所以即使不为宝宝特别另做，吃现有的东西也

没有什么问题。妈妈仍有母乳的，可在宝宝早起后、午睡前、晚睡前、夜间醒来时喂奶，尽量不在三餐前后喂，以免影响进餐。

养成良好的饮食习惯

有些营养丰富的食物在味道上可能不太容易被宝宝接受，此时，父母的示范作用非常重要。如许多宝宝开始都不喜欢吃胡萝卜，但当他们看到爸爸妈妈大口地吃着胡萝卜时，就会有兴趣尝试一下。就算宝宝坚持不肯吃，也可以在下次换个做法，吃给宝宝看，慢慢地，他就会有兴趣了。

这个时期的宝宝开始咿呀学语，十分可爱，但在吃饭或喂食的时候，一定不要逗引宝宝说笑，否则食物有可能呛入气管，引起危险，同时也不利于良好进食习惯的养成。

第331天
积食了，多运动有助于消食

积食会引起恶心、呕吐、食欲缺乏、厌食、腹胀、腹痛、口臭、手足发热、皮色发黄、精神萎靡等症状。以下小细节有助于检测宝宝是否积食。

1.宝宝在睡眠中身子不停翻动，有时还会咬牙。所谓食不好，睡不安。

2.宝宝最近大开的胃口又变小了，食欲明显不振。

3.宝宝常说肚子胀，肚子疼。

4.可以发现宝宝鼻梁两侧发青，舌苔白且厚，还能闻到宝宝呼出的口气中有酸腐味。

如果宝宝积食了，运动有助于消食。可以在饭后带着宝宝出去走一走，到公园看看花草，或者上街散散步，同时还能跟宝宝沟通，教宝宝认识新鲜事物，在宝宝积食较为难受时还可以转移其注意力。

百合麦冬瘦肉汤

【材料】百合30 克，麦冬15克，猪瘦肉100克。

【做法】

1.将百合、麦冬洗净备用；猪瘦肉洗净，切成丝。

2.将百合、麦冬、猪瘦肉丝放入锅里，加适量水，大火烧开，转小火煮15分钟，至猪瘦肉丝软烂即可。

鱼肉蒸糕

【材料】鱼肉150克，洋葱50克。

【做法】

1.鱼肉洗净，剔除刺，剁成泥；洋葱洗净，去皮，切碎。

2.将鱼肉泥与洋葱碎混合，搅拌均匀，再捏成宝宝喜欢的形状，放入蒸锅，隔水蒸10分钟即可。

第 **332** 天

四季饮水，各有不同

❋春季喝淡盐水

春天气候转暖，空气潮湿，细菌开始繁殖，在开水中放少许食盐，让宝宝饮用淡盐水，有预防上呼吸道感染、减轻咽喉疼痛的作用。

❋夏季喝凉开水

夏天天气炎热，宝宝容易出汗，因此要备足凉开水，以便宝宝在活动后及时补充水分。

❋秋季喝温开水

气候干燥，宝宝在户外活动时容易感到口干舌燥，这时给宝宝喝的水不能太凉也不能太烫，以温开水为最佳。

❋冬季喝热开水

冬天天气寒冷，可给宝宝喝些温热开水，让宝宝双手捧住热乎乎的杯子，既温暖了双手，又喝到了水。

白菜粉丝汤

【材料】白菜50克，粉丝1小把，葱花1/2茶匙。

【调料】香油2克。

【做法】

1.白菜洗净，切细丝；粉丝放入温水中浸泡至软。

2.锅中放少许油烧热，放入白菜丝翻炒均匀，倒入开水，再放入粉丝煮软，下香油调味，再放入泡好的葱花即可。

百合水蜜桃甜汤

【材料】鲜百合1头，水蜜桃1个。

【调料】冰糖1汤匙，白醋1茶匙。

【做法】

1.鲜百合瓣开，去掉黑色部分洗净，放入滴有白醋的清水里浸泡备用。

2.水蜜桃洗净后切成1厘米厚的片，捞出百合与水蜜桃片一起放入炖盅里，加入7分满的清水。放入冰糖，盖上盖子，放入蒸锅中，水开后中火蒸30分钟即可。

低脂食品进食有度

如果从儿童时代就开始吃低脂肪食品，成年后得心脏病的危险会减少，因而低脂肪食品一度畅销不衰。然而，如果长期让宝宝吃低脂肪食品，则会使他们患上营养不良综合征，严重妨碍宝宝的生长和发育。一项调查表明：吃低脂肪食物的儿童占我国儿童总数的1/10，他们缺乏足够的维生素B_1、维生素B_2、维生素B_3等营养物质。一家儿童医院的统计表明，在1万多名营养缺乏的儿童中，30%是长期吃低脂肪食品所致。

荤素食物要搭配吃，不要只给宝宝吃水果、蔬菜、低脂牛奶等，要适当搭配肉类、蛋类，可在中午进餐时给宝宝提供适当的肉类和蛋类。

香浓肉酱意大利面

【材料】意大利面80克，牛肉末30克，洋葱1/4个，番茄1个，大蒜1瓣。

【调料】番茄酱15克，白糖、黑胡椒各3克，盐1克，橄榄油20毫升。

【做法】

1.锅中水烧开后加入盐，下入意大利面，加盖煮8分钟。

2.待面条七八成熟的时候，捞出用凉水冲一下，让其冷却，沥干水分后淋入几滴橄榄油，用筷子拌匀，备用。

3.锅中加入橄榄油，将切碎的洋葱和大蒜，下油锅爆香，用中火慢慢炒至洋葱碎开始变色，放入牛肉末。

4.炒至肉末变色后，加入切成小块的番茄，加入盐、白糖调味；炒至番茄块变软，加入番茄酱和半小碗水，小火慢慢煮开。

5.直至汤色变红，番茄块软烂后，再次根据自己的口味，加入白糖、黑胡椒、盐调味。

6.将炒好的肉酱淋入面条中，拌匀即可。

第334天
不要迷信保健品

很多妈妈总在担心饮食中的营养成分不够完善，不能满足宝宝生长发育的需要，因此或多或少都会买些营养品或补品给宝宝吃，如西洋参、蜂乳等，认为这些食品是补药，会促进宝宝的生长发育。其实，这些营养补品的营养价值并不高，更有些补品还含有激素，有可能会引起宝宝性早熟。

还有的妈妈在给宝宝补鱼肝油的同时也补多种维生素，吃了钙粉又吃多种矿物质的增补剂，这样做很容易造成多种营养素之间比例失调，对发育不利。

其实，药补不如食补，只要保持平衡的膳食，就能保证基本的营养平衡。

椰香杧果糯米饭

【材料】糯米50克，泰国香米50克，杧果1个。

【调料】椰浆（或椰汁）200毫升，白糖20克。

【做法】

1.将糯米和泰国香米混合后洗净；将椰浆和白糖混合后搅拌均匀，倒入米中，浸泡2~4小时。米和水的比例应为1:2左右，高火蒸20分钟后，转小火再蒸20分钟，关火后再焖煮半小时左右。

2.将杧果洗净后，含核横向片下两大块果肉，用刀子或大勺掏出果肉，切成条状备用。

3.取出米饭，稍凉后可盛出，将杧果肉条放在米饭上，再浇上椰浆（或椰汁）增加风味即可。

第 335 天
动物肝脏，不宜进食过多

有的妈妈认为动物肝脏有营养，又含有很多维生素A，便每天做给宝宝吃。

研究表明，肝脏具有通透性高的特点，因此血液中的大部分有毒物质都会进入肝脏，动物肝中的有毒物质含量要比肌肉中多出好几倍。除此之外，动物肝中还含有特殊的结合蛋白质，与毒物的亲和力较高，能够把血液中已与蛋白质结合的毒物夺过来，使它们长期储存在肝细胞里，对健康有很大影响。其实，动物肝只吃很少的量，就可获得大量的维生素A。维生素A是脂溶性维生素，可以储存在肝脏中，不必天天吃，一个星期吃一次就足够了。

未满1岁的宝宝，每天需要1300国际单位的维生素A；1～5岁每天需要1500国际单位，相当于每天吃12克～15克动物肝已足够。

肉松三明治

【材料】面包片2片，肉松20克，小黄瓜半根，香蕉1根。

【调料】沙拉酱1茶匙。

【做法】

1.肉松与沙拉酱放入碗中拌匀；小黄瓜、香蕉切片状备用。

2.将一片面包平铺，放上肉松沙拉酱、小黄瓜片、香蕉片，再盖上一片面包即可。

第 336 天

提高免疫力不要太依赖
牛初乳、蛋白粉

有些父母认为：牛初乳和蛋白粉是绝佳补品，能提高宝宝的免疫力，吃得越多，宝宝免疫力越强，越不容易得病。事实上，给宝宝多吃牛初乳和蛋白粉能否提高宝宝免疫力至今尚无定论，但是有一点可以确定的是，绝对不能用它取代母乳喂养宝宝。蛋白粉的蛋白质纯度太高，食用时容易加重肝、肾负担，父母不应该常给宝宝吃蛋白粉，更不能用它代替乳品。药补不如食补，"营养饮食+锻炼"才是提高宝宝免疫力的上策。

胡萝卜土豆牛肉汤

【材料】牛肉100克，胡萝卜末、土豆各20克，干山楂5克，姜末少许。

【调料】番茄酱1汤匙。

【做法】

1.牛肉洗净切小块，用加了姜末的水汆烫后冲净；土豆、胡萝卜分别洗净，去皮切块。

2.起热锅，加入少许油，三成热时放入牛肉块，炒至变色，放入番茄酱翻炒均匀，加入水，大火煮开，放入干山楂，转小火煮1个小时后放入胡萝卜块、土豆块，再小火煮30分钟即可。

白菜肉卷

【材料】白菜叶2片、猪肉馅100克，葱末、姜末各2克。

【调料】料酒、酱油各2克。

【做法】

1.将白菜叶洗净，用开水烫一下；猪肉馅放入葱末、姜末、料酒、酱油拌匀。

2.将调好味的猪肉馅放在摊开的白菜叶上，卷起，呈筒状，放入盘内上笼蒸30分钟即成。

255

营养早餐吃什么

牛奶和鸡蛋一直被人们摆在营养头号位置，所以"牛奶+鸡蛋"成了宝宝每日的必备早餐。长期让宝宝吃单一的食品种类，不仅会导致宝宝得不到全面的营养，还会导致宝宝排斥接受新食物，养成挑食的毛病。宝宝的食物应注意营养均衡，搭配得当，早餐最好吃一定量的蔬菜和水果。如果不能吃蔬菜水果，可以适当吃些全谷类食品，以增加膳食纤维的摄入。

营养质量好的早餐，应包括谷物、动物性食品、奶类、蔬菜或水果、谷类食品（如馒头、面条、稀饭）等，对宝宝的身高发育有着很重要的作用。

抹面包片

【材料】面包2~3片，果酱15克，碎果仁20克。

【做法】

将面包片边缘较硬的部分撕去，一面抹上果酱、碎果仁，再将另一片覆盖即成。

紫菜虾汤

【材料】基围虾5只，干紫菜5克，香菜末2克。

【做法】

1.将基围虾虾洗净，去壳去头，去除虾线，切成粒状；干紫菜洗净，撕碎。

2.起油锅，放入虾粒，煸炒1分钟，加入200毫升水，大火煮开，转小火焖煮5~6分钟至熟透。

3.加入紫菜碎，再次煮沸后加入香菜末即成。

第 **338** 天
感冒时，可以喝点牛奶

有的妈妈认为孩子感冒时不宜吃乳制品，因为那样会增加黏液的产生或者使鼻腔分泌的黏液变稠。实际上，宝宝感冒时喝牛奶对恢复健康有好处。感冒会使人食欲减退，而流涕、咳嗽、发热等症状都会增加机体能量的消耗，如果不能通过加强营养及时补充能量，就会延长病程。因此在患感冒后要多吃易消化的食物，口味宜清淡，适当多摄取一些蛋白质、维生素和微量元素，牛奶就是一个不错的选择。

如果宝宝感冒后不喝牛奶，可给他别的液体，如白开水、果汁、稀粥或鸡汤，直到他感觉好些。即使宝宝没有什么食欲，也要让他喝足够的水，以防止脱水，并能使黏液流出鼻腔。

绿豆汤

【材料】绿豆30克，冰糖5克。
【做法】
将绿豆洗净，泡水，放入冰糖煮10分钟即可。

第 339 天
有不爱吃的食物，要寻找营养替代品

宝宝有不喜欢吃的食物，这很正常。如果实在没办法让宝宝接受这种食物，那么不妨去寻找这种食物的替代品。经常会有宝宝不爱吃蔬菜却仍然很健康，原因是，他们喜欢吃水果。在宝宝慢慢学习接受青菜之类的绿色蔬菜过程中，水果是很好的营养替代品。

比如，如果宝宝不吃胡萝卜，为了补充可能会缺乏的维生素A和胡萝卜素，不妨给他吃一些杏或哈密瓜；草莓或橙子可以代替菠菜用来满足宝宝对叶酸的需要；香蕉可以代替土豆作为钾的来源；柑橘类水果可以代替甘蓝满足维生素C的需求。

对于大多数蔬菜与水果来说，相互之间是无法完全替代的。所以，妈妈一定要不断提供蔬菜给宝宝，让他接受并喜欢蔬菜。

鱼肉拌茄泥

【材料】茄子半个，净鱼肉100克。
【调料】香油2克。
【做法】

1.茄子洗净；鱼肉洗净，切成小粒，一同放入蒸锅，隔水蒸8分钟，取出凉凉，茄子去皮后压成茄泥。

2.将茄泥与鱼肉粒混合，加入香油拌匀即可。

茄子含有一定量的胡萝卜素、维生素B_2、维生素P、膳食纤维、铁、钙、磷等，可以清热解毒、活血化瘀、利尿消肿。

第 340 天
可以多吃含不饱和脂肪酸的食物

这个阶段，宝宝的大脑和身体生长极其迅速，每天所需热量40%是从脂肪中摄取的。发育中的大脑对脂肪酸及脂肪中的其他成分有着特殊的需求，脂肪摄入不足会影响宝宝的智力发育。脂肪的来源可分为动物脂肪与植物脂肪两种。动物性脂肪包括猪、牛、羊油及肥肉、奶油等，虽是脂溶性维生素，但其不饱和脂肪酸的含量较少，不易消化。植物性脂肪其不饱和脂肪酸含量较多，是必需脂肪酸的最好来源，容易消化吸收。因此，在调配宝宝膳食时，应该采用含不饱和脂肪酸较多的植物性脂肪。

豆腐太阳花

【材料】嫩豆腐80克，鹌鹑蛋1个，胡萝卜25克、番茄泥25克，高汤1碗，葱末3克。

【调料】盐2克。

【做法】

1. 将豆腐洗净，用勺子在豆腐上挖个小坑，将鹌鹑蛋打入小坑中。

2. 将胡萝卜洗净，切碎；番茄洗净，用开水烫去皮，切碎；将胡萝卜碎和番茄碎围在豆腐周围，放入蒸锅蒸8分钟后捣成泥状。

3. 起油锅，爆香葱末，加入高汤，熬煮成浓汁，淋到豆腐上即可。

第341天
糕点加餐要适量

妈妈为了省事，有时也会用采购的糕点作为宝宝的加餐。

糕点的营养含量并不高，其中主要是糖类，吃得太多，不仅会影响宝宝对营养的摄入，还会影响宝宝对正餐的食欲和消化能力。

不能经常以糕点作为加餐，只能偶尔调剂一下口味，特别是含有奶油、果酱或豆沙的点心要尽量少吃，里面容易被病菌污染。糕点往往都含有较多的糖分，宝宝吃完后要注意及时清洁口腔和牙齿，以免被口腔里的细菌发酵，形成侵蚀牙釉质的酸性物质，引起龋齿。

鸡肉海米萝卜汤

【材料】鸡肉150克，白萝卜100克，海米10粒。

【做法】

1.鸡肉洗净切碎；白萝卜洗净，去皮，切薄片，放入开水中氽烫后捞出。

2.锅中加适量水大火煮沸，放入海米、鸡肉碎、白萝卜片，煮5分钟即可。

虾仁菜花

【材料】菜花100克，虾仁5只。

【做法】

1.菜花洗净，掰成小朵，放入开水中煮2分钟至熟，捞出沥水，切碎备用。

2.虾仁洗净，去虾线，切碎，隔水蒸8分钟。

3.将虾仁放入菜花朵中拌匀即可。

第 342 天

远离垃圾食品

世界卫生组织公布了全球十大垃圾食品，它们包括油炸食品、腌制类食品、加工类肉食品、饼干类食品（不含低温烘烤和全麦饼干）、汽水可乐类饮品、方便类食品（方便面和膨化食品）、罐头类食品（包括鱼肉和水果）、话梅蜜饯类食品（果脯）、冷冻甜品类食品（冰淇淋、冰棒和各种雪糕）、烧烤类食品。

这些垃圾食品普遍具有以下特点：含致癌物质，破坏维生素，使蛋白质变性，加重肝脏负担，热量过多，营养成分低，等等。

过度食用垃圾食品，会导致儿童肥胖、多动、注意力不集中等不良症状。

蒸蔬菜豆腐丸子

【材料】豆腐100克，番茄半个，油菜1棵，高汤300毫升。

【调料】水淀粉15毫升。

【做法】

1.豆腐洗净，倒入开水中煮1分钟，捞出捣成泥，沥去水分，加入水淀粉拌匀，做成豆腐丸子，再将豆腐丸子蒸8分钟。

2.油菜洗净，切碎；番茄洗净，用开水烫去皮，切成粒状。

3.将番茄粒与油菜末倒入高汤中，中火煮2分钟，用水淀粉勾芡，淋在豆腐丸子上即可。

第 **343** 天

妈妈要调整好自己的心态

很多妈妈对于宝宝的健康太紧张了，总担心食物不卫生，不让宝宝吃这个吃那个，不让碰这个碰那个。实际上，细菌无处不在，宝宝不可能生活在一个无菌环境中。让宝宝融入大环境中，在与生活中随处都存在的菌群接触的过程中，逐渐建立起自己的抵抗力。

妈妈的不安很容易传递给宝宝，以至于影响宝宝的心理发育。因此，妈妈要调整好自己的心态。

当宝宝不爱吃饭时，妈妈要认真反思，找出其厌食的原因，以便及时解决。切忌在宝宝拒绝时强行塞饭，生病时强喂更不可取。

猕猴桃蛋饼

【材料】鸡蛋1个，配方奶50毫升，酸奶100毫升，猕猴桃半个。

【做法】

1.鸡蛋打入碗内，加入配方奶搅匀。

2.平底锅放入少许油，将蛋液倒入锅中煎成饼。

3.猕猴桃去皮切块，码在饼上，再将酸奶淋上即成。

第 **344** 天

不要多吃肥肉

肥肉以脂肪为主，肉质越是肥美，所含的脂肪就越多，供给人体的热量也就会越多。如果宝宝过多地食用肥肉，就会引起下面的问题。

脂肪进食过多，可使脂肪细胞体积增大、数量增多而产生肥胖。

脂肪摄入过多，血中胆固醇与甘油三酯含量增高，导致动脉粥样硬化。

影响食欲。因脂肪消化所需的时间较长，在胃内停留时间久，吃后容易产生饱食感，过多进食脂肪，会影响其他营养食品的进食量。

由于脂肪消化后与钙形成不溶性的脂酸钙，影响钙的吸收。

妈妈可以让宝宝多吃瘦肉，瘦肉所含营养成分相近且较肥肉易于消化，约含蛋白质20%，脂肪1%～15%，无机盐1%，其余为水分。

金枪鱼沙拉

【材料】金枪鱼（罐头）50克，生菜50克，番茄半个，洋葱、土豆各20克。

【调料】沙拉酱10克。

【做法】

1.将番茄洗净，用开水烫去皮，切碎；生菜洗净，切碎；洋葱洗净，切粒。

2.土豆洗净，去皮切片，蒸熟后压成泥。

3.将碎番茄、碎生菜、洋葱粒、土豆泥和金枪鱼放入盘中，淋入沙拉酱搅拌均匀即可。

春季长个子，营养要跟上

✱补充含钙丰富的食物

宝宝生长发育迅速，身体对钙的需求也相应增加，饮食上应给宝宝多选用豆制品、鱼虾、芝麻和海产品等食物。多去户外晒太阳，还应注意提供含维生素D较丰富的饮食，如蛋、奶、动物肝、海产品等。注意限制过多进食糖或甜食。

✱添加优质蛋白质

春季，宝宝身体器官组织对优质蛋白质的需求也随之增长。因此，副食品上应比平时适当地增加鸡蛋、鱼虾、鸡肉、牛肉、奶制品及豆制品等，主食上多选用大米、小米、小红豆等。牛肉、羊肉等食物性温热，不宜在春季进食。

✱提供必要的脂肪

脑组织中含有两种不饱和脂肪酸，身体不能自行合成，应注意从食物中摄取。春天，给宝宝做菜时尽量采用植物油，并多吃一些富含植物性脂肪的饮食，如核桃粥、黑芝麻粥、花生粥、鱼头汤、鲜贝汤、烧鹌鹑或野兔肉等。

红薯鳕鱼饭

【材料】红薯50克，鳕鱼肉100克，莜麦菜（菠菜、小白菜均可）50克，米饭1小碗。

【做法】

1.红薯洗净，去皮切块，蒸熟；莜麦菜洗净，入开水中焯一下，捞出沥水，切碎。

2.鳕鱼肉洗净，放入沸水中汆烫，捞出沥水切碎。

3.锅内放入红薯块、鳕鱼碎、莜麦菜碎和适量水，大火煮开后转小火煮5分钟，加入米饭搅拌均匀即可。

第 **346** 天

夏季饮食原则

❋ 口味清淡，兼顾营养

避免给宝宝吃口味过重、太油腻的菜肴。可以多食用豆腐、牛奶、蔬果等高蛋白食物，也可以多食用各种花色粥，如绿豆粥、红枣粥，容易入口又有营养，比白粥更能激发食欲。因为夏季不易保存食物，所以最好现做现吃，这样才能更好地保护宝宝的胃肠道。

❋ 多喝粥汤，补充电解质

宝宝体内70%～80%由水分构成，按体重计算的需水量，是成年人的3倍左右。在夏季应让宝宝多摄入含水量大的食物，同时还要注意补充出汗时损失的各种矿物质，尤其是钠和钾。

❋ 少食多餐

在高温环境中，消化酶分泌减少，消化功能下降。因此，夏季的食物在调味上的原则是少用油，多用醋；在供餐的次数上不妨少食多餐，在天气凉爽的时段，可适当加餐。

馄饨汤

【材料】面粉200克，猪瘦肉200克，青蒜10克，葱末、姜末各5克。

【调料】酱油、香油各1克。

【做法】

1.将面粉加温水和成面团，擀成大薄片，切成梯形馄饨皮若干片；青蒜洗净，切碎末备用。

2.将猪瘦肉洗净，剁成肉泥，放在碗内加酱油、葱末、姜末、香油搅拌成馅，用面片包馅，逐个包好。

3.在锅内加水烧开，放入馄饨，大火煮开转中火煮5分钟至熟，捞出放入碗中，撒上青蒜末，再把烧开的清汤浇到盛馄饨的碗内即可。

秋季饮食原则

❊早秋饮食重养胃

人们在酷夏时频饮冷饮，常吃冰冻食品，在进入早秋后，多有脾胃功能减弱的现象。因此在秋季进补之前，脾胃应有一个调整适应的阶段。可先补食一些既富有营养又易消化的食物，以调理脾胃功能，如鱼、各种动物瘦肉、禽蛋，以及山药、红枣、莲藕等。

❊中秋饮食重润肺

中秋时节气候干燥，很容易伤及肺阴，使人患鼻干喉痛、咳嗽胸痛等呼吸疾病，所以饮食应注意养肺。秋季滋阴润燥的食物有：银耳、甘蔗、燕窝、梨、芝麻、藕、菠菜、乌骨鸡、猪肺、豆浆、饴糖、鸭蛋、橄榄等。

❊深秋饮食重强身

深秋饮食以滋阴润燥为原则，在此基础上，每日中、晚餐喝些健身汤，一方面可以渗湿健脾、滋阴防燥，另一方面还可以进补营养、强身健体。

奶香面条

【材料】面条50克，胡萝卜30克，鸡肉100克，油菜50克，配方奶50毫升。

【做法】

1.鸡肉洗净，剁成泥；胡萝卜洗净，切碎；油菜洗净，切碎。

2.面条煮熟后捞出过水，沥干，用筷子夹成小段。

3.锅中加水，放入胡萝卜碎、鸡肉泥、油菜碎，大火煮开转小火，煮5分钟，加入面条段，继续煮1分钟，关火，起锅前加入配方奶拌匀即可。

面条的主要营养成分为蛋白质、脂肪、碳水化合物等，且易于消化吸收，有改善贫血、增强免疫力、平衡营养吸收等功效。汤汁里放入鲜奶，使得面条有浓郁的奶香。

第 348 天
洋快餐的健康隐患

研究发现，常吃洋快餐的宝宝比不吃洋快餐的宝宝哮喘发病率高出3倍。原因是洋快餐中脂肪过多，而碳水化合物、纤维素和维生素B_6不足，胆固醇含量偏高，这样的营养失衡问题会使血红蛋白释放氧减慢，细胞因缺氧而出现哮喘。以上只是洋快餐影响的一个方面，洋快餐对健康的影响还有以下几方面：

油脂在高温下会产生一种叫丙烯酸的物质，这种物质很难消化，多吃容易得胃病；油炸食物还会使胸口发闷发胀，甚至恶心、呕吐。

宝宝的胃肠道功能还没有完全发育成熟，高温食品进入胃内后会损伤胃黏膜而得胃炎。

长期吃甜食、甜饮料，还会带来精神方面的隐患，表现为爱哭闹，爱发脾气，多动好动，容易烦躁。

鸡肉末碎菜粥

【材料】白米粥1小碗，鸡肉100克，圆白菜100克，鸡汤300毫升。

【做法】

1.鸡肉洗净，切碎捣成泥；圆白菜洗净，切碎。

2.起油锅，烧至七成热，加入鸡肉泥，中火煸炒1分钟。

3.锅中放入碎圆白菜，继续煸炒1分钟，加适量水，倒入白米粥，煮开即成。

鸡肉味甘、性温，和碎圆白菜、白米粥共食，有开胃、止泻之功效。

第 349 天
纠正爱吃洋快餐的嗜好

麦当劳、肯德基等洋快餐都有口感与味道俱佳的特点，几乎所有的宝宝都爱吃。洋快餐也很容易被年轻的父母接受，多因其方便快捷，符合现代人的生活节奏。"80后"晋升为爸爸妈妈，自己本身就是受洋快餐影响长大的一代，很容易把这种饮食习惯再传递给宝宝。

在意识到洋快餐的弊病以后，就要想办法纠正这种不良饮食习惯了，只有自己以身作则、身体力行，才有可能使宝宝跟着转变饮食习惯。

生活中，有些父母为了达到管教宝宝的目的，而将洋快餐作为交换条件以诱使宝宝就范，这种行为的前提建立在认为洋快餐是"好的、高级的"基础上。这更会导致宝宝对洋快餐的畸形向往。

核桃鲑鱼沙拉

【材料】净鲑鱼肉100克，核桃仁50克，菜花100克，酸奶100毫升。

【调料】柠檬汁适量。

【做法】

1.鲑鱼洗净后煮熟，去掉鱼刺只取鱼肉部分，切成1厘米大小的肉丁。

2.将核桃仁用没放油的锅炒一会儿，然后拿出来研磨成粉末。

3.将菜花的花朵部分摘下来，放入沸水中焯一下，再捞出来切成小粒。

4.将酸奶、核桃末、菜花粒和柠檬汁搅拌均匀。

5.将鲑鱼肉丁放到碗里，再将上一步做好的材料盛在鲑鱼肉丁上面即可。

冬季抗寒食物

✳ 冬季好食材

暖胃食品包含大枣、山药、扁豆、黄豆、菠菜、胡萝卜、土豆、南瓜、香菇、桂圆等。

润燥食品包括蘑菇、苦瓜等。

✳ 黑色食品

现代研究表明，食品的颜色与营养的关系极为密切，随着它本身的天然色素由浅变深，其营养含量更为丰富，结构更为合理。因此黑色食品最有营养。

黑米、黑豆、黑芝麻等黑色食品不仅营养丰富，而且大多性味平和，补而不腻，食而不燥，对处在成长发育阶段、肾气不足的宝宝尤其有益。

菠萝牛肉

【材料】牛肉100克，菠萝1/4个，淀粉、香菜末少许。

【做法】

1.牛肉洗净，切成小丁，加淀粉抓匀；菠萝用淡盐水浸泡20分钟，洗净切小丁。

2.锅中放入少许油，爆炒牛肉丁后再加菠萝丁翻炒，加入少许水，炒至牛肉丁、菠萝丁软烂，加入香菜末调味即可。

胡萝卜肉末饼

【材料】胡萝卜150克，土豆150克，鸡肉100克。

【调料】淀粉10克。

【做法】

1.胡萝卜洗净，去皮，切块；土豆洗净，去皮，切块；将胡萝卜块与土豆块隔水蒸熟后压成泥。

2.鸡肉洗净，剁成泥，再加入土豆泥与胡萝卜泥、淀粉，搅拌均匀，分成两等份，压成扁圆形。

3.平底锅中加少许油烧热，将肉饼放入锅中，中火煎黄，翻面后加1汤匙水，盖上盖子焖至熟透即可。

胡萝卜所含的胡萝卜素能增强宝宝的免疫力，可保护宝宝免受细菌的侵害。另外，胡萝卜的芳香气味能促进消化。

不要给宝宝吃汤泡饭

✻ 易有饱胀感

用汤泡过的饭，其容量会增加，吃了以后很容易感到饱胀，每餐相应的摄入量就会减少。经常吃汤泡饭，会使宝宝一直处在半饥饿状态，从而影响发育。

✻ 咀嚼不充分

吃泡饭虽然便于吞咽，但同时会因食物粉碎不充分而减少唾液的分泌。唾液不仅可清除和冲洗附着于牙齿及口腔的食物残渣，而且唾液中还有些溶菌酶，有一定的杀菌、抑菌作用，这些对于预防龋齿和牙周疾病有重要作用。

✻ 食欲减退

吞食泡饭减少了咀嚼动作，也会相应地减少咀嚼的反射作用，引起胃、胰、肝、胆囊等分泌消化液的量减少。久而久之，食欲就会逐渐减退。

蒸嫩丸子

【材料】瘦肉馅200克，青豆仁10粒。

【调料】淀粉10克，橄榄油1茶匙。

【做法】

1. 青豆仁洗净，煮熟后压成泥。

2. 瘦肉馅加入青豆仁泥、淀粉及橄榄油，拌匀，甩打至有弹性，再分搓成若干小丸子，置于盘中，放入蒸锅中以中火蒸半小时。

3. 蒸肉丸的汤倒入锅中，开中火，加入水淀粉勾芡后淋在丸子上即可。

第 **353** 天
警惕血铅超标

铅对人体产生的损害很大，会影响神经、造血、消化、泌尿、生殖和发育、心血管、内分泌、免疫、骨骼等，主要是神经系统和造血系统。更为严重的是，铅还会影响婴幼儿生长和智力发育，损伤认知功能、神经行为和学习记忆等脑功能，严重者造成痴呆。血铅超标的宝宝要排铅。

人体中的铅可能来自大气、水、室内铅尘、食品餐具、日常用品如文具玩具等，这些用品中色彩图案越鲜艳的铅含量越高。

油漆是最常见的含铅物质，颜色越漂亮含铅就越多，妈妈要注意让宝宝远离漆过的墙面和上过透明漆的木地板。

一些膨化食品、爆米花、皮蛋等都是含铅高的食品，尽量少吃。

紫菜饭卷

【材料】米饭100克，紫菜50克。
【调料】白醋5克，白糖2克。
【做法】

1.米饭熟后，盛出凉凉，放一点儿白醋和糖搅拌均匀。

2.紫菜剪成6厘米见方的块，放上米饭铺平，卷成条形压紧，吃时切成合适大小即可。

紫菜营养丰富，含碘量很高，且富含胆碱和钙、铁，能增强记忆，治疗婴幼儿贫血，促进骨骼、牙齿的生长和保健。

茄子蛋饼

【材料】长茄子1根，鸡蛋2个，面粉50克，牛奶100毫升，小葱适量。

【调料】胡椒粉、盐各少许。

【做法】

1. 鸡蛋打散。面粉和牛奶先混合均匀，再倒入蛋液搅匀。

2. 长茄子切薄片，用盐腌5分钟。

3. 小葱切碎，放入蛋糊中，调入胡椒粉和盐拌匀。

4. 平底锅烧热，放入茄子片，淋入适量油，快速转锅将每片茄子都沾上油。

5. 快速翻面，让另一面也沾上油，小火煎至茄子两面都呈金黄色。

6. 淋入蛋糊液，轻轻转成薄薄一层，中火煎至两面金黄即可。

第 **354** 天
为宝宝准备一套专用餐具

成人使用的碗筷、勺子又大又重，不适合宝宝使用。用又大又重的碗盛饭，会盛得太多，宝宝看到这么多饭菜会有压迫感，因而影响食欲。如果勺子太重的话，宝宝会拿不住，也会累，因而不愿意再碰勺子，宁愿玩耍，也不愿吃饭。

所以，父母应该给孩子准备一套专用的儿童餐具。当看到可爱的儿童餐具里盛满饭时，宝宝吃饭的兴致会大增，说不定会迫不及待地将碗里的饭吃完。

在为宝宝选择餐具时，除了顾及宝宝的喜好外，还应注意餐具的形状，勺子应选择小且浅的，便于宝宝把饭顺利地送到嘴里。碗要选择轻巧、开口大的。其次还应注意餐具的安全性，不要使用涂漆的筷子，也不要用内侧绘有图案的碗、盘，以防引起铅中毒。儿童餐具的功能也很多，有底盘带吸盘的碗，能够把碗吸在桌面上不会移动，这样就不容易被宝宝打翻；感温的碗和勺子，能够让父母掌握温度，不至于让宝宝烫伤。

豆腐蛋黄粥

【材料】豆腐50克，鸡蛋1个，米粥1小碗。

【做法】

1.豆腐置于小碗内，用汤匙压成泥状；鸡蛋煮熟后，取出半个蛋黄，用同样的方法压碎。

2.将米粥倒入锅中，开中火，加入豆腐泥煮沸，加入蛋黄泥继续熬煮2分钟即可。

第 355 天
预防宝宝营养过剩的准则

营养过剩和营养不良都会损害宝宝的身体健康，传统观念都喜欢胖嘟嘟的宝宝，认为胖宝宝身体好，这种观念其实是错误的。研究表明，出生时体重超过8斤、婴幼儿时期营养过剩、儿童期肥胖症等因素都将增大宝宝长大成人后患上心脑血管疾病等慢性病的风险。妈妈要从宝宝小时候就注意宝宝的体重情况，预防宝宝出现营养过剩的情况。

预防营养过剩有两方面，一方面是"开源"，另一方面是"节流"。在"开源"方面，妈妈要保证宝宝每天都有足够的活动量。不要限制宝宝的运动，而应该给宝宝创造足够的活动空间，做好必要的防护准备后，让宝宝自己控制运动量。如果宝宝感到疲劳时自己会停止的。这个月龄的宝宝有的可以扶着东西走，有的还不能走，无论是否能走，爬依旧是很好的活动方式。

在"节流"方面，妈妈要控制好宝宝的饮食，搭配好食物种类，合理安排宝宝的饮食结构。宝宝的主食依然是母乳或配方奶，奶量是宝宝足够能量摄入的基础。除奶类外，宝宝的每顿辅食中，应保证粮食的量占到一半以上，然后依次是菜泥和肉类。在肉类选择中，应选择瘦肉。

豌豆西葫芦稀饭

【材料】稀饭80克，西葫芦、豌豆各50克，肉汤（或水）150毫升。

【做法】

1.西葫芦去皮、去瓤，洗净，切碎丁；豌豆焯水后备用。

2.将西葫芦丁、豌豆和肉汤放入小锅中大火煮沸，再放入稀饭煮5分钟即可。

脾胃不和如何调理

中医认为，胃主纳腐，脾主运化，就是说胃负责收纳腐熟食物，脾将食物中的水谷精微输布到全身各处。胃的主要作用是消化，脾是负责吸收的。脾胃在功能细分上虽然有所区别，但两者都是负责为人体获取营养的，所以密不可分。

脾胃功能好的孩子食欲好，吃饭香，消化吸收功能良好，身体也长得结实，很少生病。

1岁左右的宝宝过渡到以谷类为主食的近似成年人的膳食模式。随着宝宝胃肠道和吞咽功能的发育成熟，可将五谷杂粮与肉、菜搭配做成软饭菜、面条、馄饨、包子、饺子等给宝宝吃。

❋ 果蔬素粥是养胃佳品

蔬菜粥、水果粥清香扑鼻，色泽鲜艳，营养丰富，是6个月以上宝宝的首选。蔬菜有丰富的维生素，是人体所需维生素的主要来源之一，还可以提供丰富的矿物质、纤维素等人体必需的营养素，具有安全良好的药用价值，如常见的白菜、萝卜、土豆、芹菜等，对机体都有独到的疗效。妈妈们可以根据宝宝的体质和健康状态对症选择食材，有助于宝宝的健康。

水果粥（饭）果香浓郁、清淡不腻、香甜可口，还有很高的食疗价值。果品有鲜果和干果之分，鲜果有鲜艳的色泽、浓郁的果香、甜美的味道；干果即常说的硬果和坚果类。水果的营养成分和蔬菜相似，是人体维生素和矿物质的主要来源之一，各种水果普遍含有较多的糖类和维生素，而且还含有多种具有生物活性的特殊物质，因而具有较高的营养价值和保健功能。

但是水果、蔬菜入粥也有颇多的讲究，妈妈们除了根据孩子的口感喜好之外，还要根据果蔬的寒温热等性质来选择。

油菜玉米稀饭

【材料】稀饭50克，油菜20克，玉米粒15克，鲜豌豆10克。

【调料】肉汤（或水）100毫升。

【做法】

1.玉米粒、鲜豌豆分别煮熟后用研磨器研碎。

2.油菜洗净，用水焯过后切碎。

3.将研碎的玉米粒、鲜豌豆与肉汤（或水）放入小锅里大火煮。

4.煮沸后转成小火，放入稀饭后再煮3分钟，搅拌均匀。

5.将切好的油菜碎放入锅中再煮5分钟，搅拌均匀即可。

香浓牛奶水果饭

【材料】大米100克，牛奶200毫升，苹果50克，草莓4个，猕猴桃半个。

【调料】黄油10克，白砂糖15克，香草精1毫升，盐1克。

【做法】

1.将大米洗净，倒入适量清水，用大火煮沸，改中火继续煮5分钟后，将水倒掉，将大米沥干倒回锅中。

2.淋入香草精，倒入牛奶，用小火煮10分钟左右，在煮的过程中，隔2分钟就用勺子搅拌一下，以防米饭糊底。当牛奶被吸干后，关火，倒入白砂糖、盐和黄油，趁热搅拌均匀，将米饭自然冷却。

3.将猕猴桃去皮切成小丁；草莓去叶洗净后切成小丁；苹果去皮切成小丁。

4.待牛奶饭冷却后，将水果丁混入搅拌均匀即可。

第 **358** 天

美观又营养的拌饭

宝宝1岁了，有的宝宝已经彻底断奶了，从这个时期开始宝宝基本上可以和成人一起用餐，食材的选择也更为丰富，只不过还是要做得软烂、清淡，不宜加盐和过多的调味料。

拌饭是一下子就能看到多种食材的美食，妈妈可以和宝宝一边聊天一边享受美食。宝宝们都喜欢吃能亲眼看到并接触过的食物。如果宝宝有不喜欢的食物，不妨将其放到拌饭中让他尝试。

营养西葫芦拌饭

【材料】米饭60克，西葫芦15克，牛肉10克，香菇10克，胡萝卜10克，蛋黄1个。

【调料】橄榄油、洋葱汁、香油各少许。

【做法】

1.西葫芦去皮、去瓤；胡萝卜洗净，去皮；香菇泡软，去蒂。

2.将西葫芦、胡萝卜、香菇分别切碎。

3.牛肉切碎后用洋葱汁和香油腌制一下后炒熟。

4.将西葫芦碎、胡萝卜碎、香菇碎和牛肉碎放到抹有橄榄油的平底锅中分别炒熟。

5.将炒好的食材放到米饭上。

6.用漏勺将蛋黄过滤到平底锅中摊成饼，切碎后加到米饭上即可。

宝宝最喜欢的下饭菜

西葫芦含有较多维生素C、葡萄糖等其他营养物质，每100克西葫芦（可食部分）含钙22毫克~29毫克。中医认为西葫芦具有清热利尿、除烦止渴、润肺止咳、消肿散结的功能。西葫芦水分大，口感细滑、软嫩，非常适合宝宝食用。

西红柿炒西葫芦

【材料】西红柿半个，西葫芦150克。

【调料】生抽3克。

【做法】

1.西红柿洗净后，顶部切十字，放入开水中烫一下，取出后去掉皮，切成小碎丁。

2.西葫芦去皮、去瓤，切成细丝。

3.锅中放入少许油烧热，先放入西红柿丁翻炒出红油，再放入西葫芦丝炒匀，淋少许生抽，放一点儿水，焖熟后翻炒均匀即可。

丝瓜含蛋白质、脂肪、碳水化合物、钙、磷、铁及维生素B_1、维生素C，还有皂甙、植物黏液、木糖胶、丝瓜苦味质、瓜氨酸等。中医认为，丝瓜性凉、味甘，具有清热、解毒、凉血止血、通经络、行血脉、美容等功效，丝瓜口感细腻，非常适合宝宝食用。

干贝烩丝瓜

【材料】干贝4~5颗，丝瓜半根。

【做法】

1.干贝洗净用温水浸泡2小时。

2.丝瓜去皮、去瓤，切成小碎丁；干贝泡软后用手撕成细丝。

3.锅内加一点点油，放入丝瓜丁炒软，加入干贝丝和泡干贝的水。

4.关小火稍微煮一会儿，煮到丝瓜丁软熟即可。

宝宝咳嗽试试食疗方

咳嗽是小儿呼吸系统疾病的常见症状之一，感冒、肺炎、急慢性支气管炎、气管炎等都会出现咳嗽症状。

风寒咳嗽： 风寒咳嗽是由宝宝受寒引起的，表现症状为舌苔发白、痰稀、白黏，同时伴有打喷嚏、鼻塞、流清涕等。

妈妈可以给宝宝准备一些温热、化痰止咳的食物，如红糖姜水、烤橘子等。

风热咳嗽： 风热咳嗽一般是肺热引起的，表现症状为舌苔红、黄，咳嗽出来的痰是黄稠的，而且不易咳，并有咽痛。妈妈可以给宝宝准备一些清肺、化痰、止咳的食物，如罗汉果、梨、枇杷、荸荠、白萝卜水等。

生姜红糖大蒜水（适合风寒咳嗽，6个月以上宝宝适用）

【材料】生姜1~2片，红糖15克，大蒜1~2瓣。

【做法】

1.大蒜拍碎，与生姜、红糖一同放入锅中。

2.锅中加适量水大火煮沸改小火煮5分钟即可。

烤橘子（适合风寒咳嗽，4个月以上宝宝适用）

【材料】橘子1个，或小金橘1~2个。

【做法】

1.在燃气灶上放一个箅子，将橘子放在上面烤，并不断翻动，烤到橘皮发黑，并从橘子里冒出热气即可。

2.待橘子稍凉凉，剥去橘皮，给孩子吃温热的橘子瓣。

萝卜葱白汤（适合风热咳嗽，7个月以上宝宝适用）

【材料】白萝卜150克，葱白50克，生姜15克。

【做法】

1.白萝卜洗净，切细丝；葱白、生姜分别洗净，切细丝。

2.锅中放入1碗水，先将白萝卜丝放入煮10分钟，再放入姜丝、葱丝煮至半碗水即可。

第 362 天
打预防针后饮食宜忌

✻注射疫苗前后需补水

预防性疫苗部分可引起发热，它是人体自身对疫苗的一种防御性反应。当孩子发热时，由于基础体温升高，机体免疫力降低，肠胃的消化与吸收功能减退，会发生营养消耗增加和消化系统功能减弱的矛盾。孩子发热时，需要补充大量水分，以补充身体的水分和盐分。

✻饮食宜高热量、易消化、清淡

注射疫苗前后的饮食原则首先是供给充足的水分，其次要补充大量维生素和矿物质，最后才是供给适量的热量及蛋白质，且饮食应以流质、半流质为主。打疫苗后3天应该多喝些米粥、青菜汤面等。另外，还要让宝宝吃些水分多的水果，如西瓜、苹果、梨、葡萄、草莓等，因为水果富含维生素C，有利于退热降温。

香菇红枣鸡肉粥

【材料】粳米50克，香菇1朵，红枣3颗，鸡肉100克，姜末、葱末各2克。

【做法】

1.香菇泡发切丁；鸡肉洗净切丁，汆烫备用；红枣，洗净去核；粳米淘洗干净。

2.锅中放入适量水煮沸，放入粳米、香菇丁、红枣，大火煮沸后转小火煮30分钟。

3.放入鸡肉丁、姜末、葱末，大火煮5分钟即可。

牛肉海带软饭

【材料】稀饭50克，牛肉50克，海带10克，豆腐10克，肉汤（或水）100毫升。

【做法】

1. 牛肉放到冷水中，浸泡30分钟后去除血水，然后放入高压锅中煮熟，剁碎。

2. 海带放到水里浸泡后切碎，豆腐焯水后切碎。

3. 将稀饭和牛肉碎、海带碎、豆腐碎、肉汤放入锅中煮沸，再转小火煮5分钟，搅拌均匀即可。

第363天
为宝宝自制酸奶

酸奶是由牛奶经乳酸菌发酵制成的，除了具有牛奶的营养价值外，经发酵后，酸奶中的脂肪酸会有所提高，使得酸奶更易消化和吸收，各种营养素的利用率得以提高。可促进宝宝的消化吸收，补充钙质，提高免疫力。

自制酸奶

【材料】纯净水500毫升，婴儿奶粉适量，酸奶发酵菌粉半包。

【调料】糖或果酱适量。

【做法】

1.按宝宝吃的婴儿奶粉冲调比例计算出500毫升纯净水需要配的奶粉量，然后将水和奶粉搅匀。

2.加入酸奶发酵菌粉半包搅拌均匀。

3.倒入酸奶机配套的小杯中，每杯大概倒8分满就可以了。

4.将装好的酸奶杯放入机器里，按下酸奶键。

5.等待10个小时，酸奶就做好了，取出后稍微凉凉一点儿，放入冰箱冷藏12~24小时即可食用。

给宝宝吃酸奶的时候，可以搭配早餐麦片、巧克力、饼干、水果、果酱等，作为下午的点心非常不错。

草莓奶昔

【材料】草莓100克，酸奶150克。

【调料】砂糖5克。

【做法】

1.将草莓洗净，切成块状，放入料理机中。

2.将酸奶和砂糖放入料理机中，将全部材料打匀打细即可。

第364天

免疫力低下要注意合理膳食

❋6个月~3岁是宝宝免疫力不全期

免疫力好的宝宝很少会生病，其他各方面发育表现也会较好。胎儿在妈妈的腹中可以从妈妈身体得到免疫保护，出生后到6个月的宝宝可以从妈妈的乳汁中得到免疫物质，不容易生病。而6个月到3岁的宝宝，处于生理上的免疫功能不全期，免疫力低下，很容易患上流感、支气管炎、肺炎、哮喘、腹泻等疾病。如果反复使用抗生素等药物，会使胃肠道内的有益菌群遭到破坏，进一步降低宝宝的免疫力，形成恶性循环，且可能影响其一生的健康。免疫力低下主要有以下几方面表现：

1. 身体发育滞后，个子长得不高。

2. 发育慢，智力发育水平低，反应慢。

3. 身体不够壮，易过敏，对环境的适应能力较差，尤其是季节交替的时候，或者寒冷的季节，常常发生感冒、发热等问题。

❋增强免疫力的科学方法

营养搭配合理的饮食是完善人体免疫力的基本前提。1岁以下的宝宝以奶类食品为主食，因此坚持母乳喂养很重要。而1岁以上的宝宝，虽然以辅食为主，但配方奶粉能补充日常膳食中不够全面的营养，依然是膳食中重要的一环。

牛肉菌类炖饭

【材料】稀饭70克，牛肉30克，香菇20克，平菇30克，金针菇10克，奶酪片20克，母乳（或冲调好的配方奶）140毫升。

【做法】

1. 将牛肉、平菇、香菇、金针菇洗净，分别切碎。

2. 将稀饭和上述食材以及母乳（或冲调好的配方奶）倒入小锅里煮7分钟。

3. 将奶酪片放入锅中，待奶酪片完全溶化后熄火即可。

胡萝卜牛肉软饭

【材料】米饭100克，牛肉50克，洋葱10克，青椒10克，胡萝卜10克，橄榄油少许。

【做法】

1.牛肉洗净，切成小粒。

2.洋葱、青椒、胡萝卜分别切成小粒。

3.将少许橄榄油抹在烧热的平底锅中，然后按顺序分别放入洋葱粒、胡萝卜粒、牛肉粒、青椒粒翻炒。

4.将米饭放入锅中翻炒均匀，加入少许水炒至米饭软烂即可。

第 365 天
宝宝睡眠不好如何调理

一般睡眠质量不好的宝宝都是明显的心火肝热，他们具有以下显著特征：

入睡难，入睡后易出汗，后半夜则睡不宁，有的还会做梦，被梦境惊吓而醒。这些宝宝大多喜欢趴着睡，有的还会打呼噜、咬牙。

心火肝热的宝宝还特别怕热，睡着时容易踢被子、掀衣服，将肚子露出来。

心火肝热的宝宝舌头、嘴唇偏红，有的宝宝连手掌心都是红的，有口臭，大便干结。这些宝宝往往会挑食，胃口较差，消瘦。

由于心火重，宝宝的性格也比较急躁，容易发脾气。

✻科学调理让宝宝不上火

如果宝宝有明显的以上表现，一般来说就是心火肝热了。可以根据宝宝的体质，采用清心平肝的方法来进行调理。

不过饱

中医认为"胃不和则寝不安"，因为脾胃晚上也要休息，晚上吃得过多、过饱会加重脾胃的负担，扰动脾胃的阳气，从而影响睡眠。因此，晚餐宜吃七八分饱，并且尽量清淡，以保护脾胃清阳之气。

睡前不剧烈活动

电视、音响等电器本身的辐射会干扰人体的自律神经，因此，睡前半小时不宜做剧烈运动、看电视、唱歌、嬉闹玩耍。

不要睡得太晚

宝宝晚上睡眠时间和质量直接影响其长大后的气血水平和健康状况，最佳睡眠时间是晚上9点至次日早晨5～6点，最晚不能超过晚上11点，晚上11点之后宝宝容易睡不着，极易耗损肝胆之气。因此，睡觉多的宝宝长得壮、长得快，爱闹觉的宝宝发育相对比睡眠好的宝宝缓慢。

不乱吃

降心火肝热要少吃以下几种食物：

高热量的食物，如红肉、鸡蛋、乳制品和糖类。这些食品含热量高，易增加胆固醇，所以要减少摄入。

橘子、杧果、榴梿、荔枝吃多了容易上火，要注意。

荸荠白萝卜粥

【材料】荸荠2个，白萝卜100克，大米30克。

【做法】

1.大米淘洗干净，泡水半小时。

2.荸荠去皮洗净，切小丁；白萝卜洗净，切丁。

3.锅中放入适量水煮沸，放入大米、荸荠丁、白萝卜丁，煮熟即可。

百合绿豆汤

【材料】绿豆50克，新鲜百合50克。

【做法】

1.绿豆洗净，新鲜百合洗净。

2.绿豆和百合一同放入锅中加水煮汤即可。

附　录

附录1 妈妈宝宝都喜欢的辅食神器

制作辅食必备神器

给宝宝制作辅食时一定要注意卫生。挑选用具时要选易清洗、易消毒、形状简单、颜色较浅、容易发现污垢的用具和餐具。塑料制品要选无毒、开水烫后不变形的；玻璃制品要选钢化玻璃等不易碎的安全用品。注意，宝宝的辅食用具一定要用不锈钢的，不能用铁、铝制品，因为宝宝的肾脏发育不全，器具选材不当会增加肾脏负担。

小汤锅	为宝宝制作辅食时经常需要将食材煮熟，如土豆、胡萝卜、蔬菜等，所以首先要准备一个汤锅，因为宝宝辅食需要的食材量较小，所以准备一个小汤锅最省时节能。	
蒸锅	蒸熟或蒸软食物，是辅食常用的烹饪手法，可以使用家用蒸锅，也可以使用小号蒸锅，省时节能。	
辅食研磨器	为宝宝准备辅食，大多数情况下应以自己动手为主，然后配合各种快手小神器，做起来方便快捷。例如，辅食研磨碗，不仅仅是制作工具，也可以当着宝宝的面来研磨，以促进亲子互动。研磨器适合水果、淀粉类蔬菜和炖煮得烂烂的肉、米饭、面条等，特别方便。研磨纤维类蔬菜之前需要将蔬菜切碎。	
辅食料理机	全自动辅食料理机，可将食物蒸熟、研磨至泥糊状，安全、快速、省事，但是价格较高。	
榨汁机	可选购有特细过滤网、可分离部件清洗的。因为榨汁机是辅食前期的常用工具，如果清洗不干净，特别容易滋生细菌，所以在清洁方面要格外用心，最好在使用前后都进行清洗。	

擦碎器 | 擦碎器是做丝、泥类食物必备的用具，有两种：一种可擦成颗粒状，一种可擦成丝状。每次使用后都要清洗干净晾干，食物细碎的残渣很容易藏在细缝里，要特别注意。

过滤器 | 一般的过滤网或纱布（细棉布或医用纱布）即可，每次使用之前都要开水浸泡一下，用完洗净晾干。

不锈钢汤匙 | 可以刮下质地较软的水果，如木瓜、哈密瓜、苹果等，也可在制作泥状食物时使用。

削皮器 | 居家必备的小巧工具，便宜又好用，建议妈妈给孩子专门准备一个，与平时家用的区分开以保证卫生。

搅棒 | 泥糊状辅食的常用工具，一般棍状物体甚至勺子等都可以代替。

宝宝进食贴心用具

儿童餐椅 | 可以培养宝宝良好的进餐习惯，会走路以后吃饭也不用追着喂了。

匙 | 需选用软头的宝宝专用匙，在宝宝要自己独立使用的时候，不会伤到自己。

吸盘碗	防止宝宝把碗摔到地上。注意吸盘不要直接放进微波炉中，可能导致变形，这将影响吸盘的吸附功能。
围嘴	半岁以前只需防止宝宝弄脏自己胸前的衣服，半岁以后，随着宝宝活动的范围大大增加，就需准备罩衣或围嘴了。
口水巾	准备四五条，进食时随时需要擦拭宝宝的脸和手。

保鲜专用物品

保鲜盒	做多了的辅食可以存在保鲜盒里冷藏起来，以备下次食用。
储存盒	宝宝外出玩耍时，带着的小点心或切成丁的水果可以放到储存盒里。如果带的是水果，还要带几只牙签，最好用保鲜膜包起来。
冷藏专用袋	最好是用能封口的专用冷藏袋，将做好的辅食分成小份，用保鲜膜包起来后放入袋中。

附录2　宝宝成长必需的21种营养素

营养素	对宝宝健康的作用	缺乏症状	食物来源
碳水化合物	碳水化合物又称糖类，主要作用是为宝宝的身体发育和运动提供热量，还能起到维持血糖水平正常的作用，并为大脑及神经系统提供能量	膳食中缺乏碳水化合物时，宝宝会全身无力、精神疲乏，有的宝宝会有便秘现象发生。由于热量不足，还会引起体温下降	谷物，如大米、小麦、玉米等。水果，如甘蔗、甜瓜、西瓜等。蔬菜，如胡萝卜、红薯、土豆等
脂肪	脂肪隶属脂类，是供给热能最多的物质。处于生长发育阶段的宝宝，机体新陈代谢旺盛，需要大量的热量，脂肪能满足宝宝对热能的需要	脂肪摄入不足时，宝宝身体消瘦，面无光泽，还会造成其他营养素的缺乏，从而引发相应的疾病，同时，宝宝的大脑和视力发育也会受到影响	含脂肪丰富的食物多为动物性食物和坚果类。动物性食物以畜肉类和蛋黄含脂肪最为丰富，且多为饱和脂肪酸
蛋白质	蛋白质可以构成细胞和组织，促进宝宝生长发育，参与体内物质代谢，形成抗体，增强和供给热量	蛋白质缺乏，宝宝会出现生长发育迟缓、体重减轻、身材矮小、偏食、厌食、抵抗力下降、容易感冒	肉类、奶及奶类制品中蛋白质含量较高。蛋类，如鸡蛋、鸭蛋、鹌鹑蛋以及鱼、虾、蟹等海产品中含量也较高。豆类，尤其大豆的含量较高

营养素	对宝宝健康的作用	缺乏症状	食物来源
维生素A	维生素A可维持宝宝皮肤黏膜层的完整性，还是构成视觉细胞内感光物质的原料，保护宝宝的视力。维生素A参与细胞RNA、DNA的合成，对细胞分化、组织更新有一定影响，可使宝宝骨骼、牙齿保持正常	维生素A缺乏的宝宝，皮肤变得干涩、粗糙，浑身起小疙瘩；头发稀疏、干枯、缺乏光泽；指甲变脆，形状改变；眼睛结膜与角膜易发生病变，出现眼干燥症，暗适应能力下降，易患夜盲症	维生素A醇（最初的维生素A形态）主要存在于动物的肉、内脏、奶及奶制品（未脱脂奶），以及鱼类中。维生素A原（即β-胡萝卜素，可在人体内转换为维生素A）存在于植物性食物中，如绿叶蔬菜、黄色蔬菜及水果中
维生素D	维生素D有助于宝宝骨骼发育，预防软骨病，能够促进宝宝大脑发育，增强神经细胞的反应敏锐度，提升智商；还能调节免疫系统，增强宝宝机体抵抗传染病的能力	缺乏维生素D，会导致宝宝佝偻病的发生，其特征按月龄和活动情况而不同：6个月以下的宝宝会出现"乒乓头"；6~12个月的宝宝可出现方颅、肋骨外翻、鸡胸、漏斗胸等；1岁左右的宝宝学走时，会出现O型腿、X型腿等	天然维生素D来自动物和植物，如海鱼、动物肝脏和蛋黄。牛奶、鱼肝油、乳酪和海产品中都含有一定量的维生素D，但是天然食物中维生素D含量都很少
维生素E	维生素E是一种具有抗氧化功能的维生素，对维持机体的免疫功能，预防疾病起着重要作用	缺乏维生素E表现为皮肤粗糙干燥、缺少光泽，容易脱屑，以及生长发育迟缓等	各种植物油（麦胚油、棉籽油、玉米油、花生油、芝麻油）、谷物的胚芽、许多绿色蔬菜、肉类、奶类、蛋类等
维生素K	维护血液正常凝固	缺乏维生素K，宝宝身上易因轻微的碰撞而发生瘀青	鱼、鱼卵、动物肝脏、蛋黄、奶油、黄油、干酪、肉类、奶、水果、坚果、蔬菜及谷物等

营养素	对宝宝健康的作用	缺乏症状	食物来源
B族维生素	促进生长发育、增进食欲、调节代谢。维生素B_1可以帮助消化，调节糖代谢和全身各系统的功能，预防神经炎；维生素B_2参与机体能量与蛋白质代谢，促进生长发育	缺乏维生素B_1会引起手脚发麻及多发性神经炎和脚气病；缺乏维生素B_2，宝宝容易出现口臭、睡眠不佳、精神倦怠、皮肤出油、皮屑增多等。缺乏维生素B_6和维生素B_{12}可出现皮肤感觉异常、毛发稀黄、精神不振、食欲下降、贫血等	米糠、全麦、燕麦、花生、猪肉及牛奶中含有大量的维生素B_1。牛奶、动物肝脏、酵母、奶酪、鱼、蛋类都是维生素B_2的丰富来源。维生素B_6在酵母、小麦麸、麦芽、动物肝脏与肾脏、大豆中含量较高
维生素C	维生素C能够参与宝宝体内多种代谢过程，包括红细胞、骨骼和组织的形成与修复。能增强宝宝免疫系统的功能，有助于抵御流感病毒的侵袭，维生素C还参与造血	缺乏维生素C时机体抵抗力减弱，容易经常感冒，伤口不易愈合	新鲜水果和蔬菜中含量丰富。富含维生素C的水果有猕猴桃、柚子、橙子、草莓、柿子等；富含维生素C的蔬菜有苋菜、青蒜、蒜苗、香椿、菜花等
牛磺酸	牛磺酸对宝宝大脑发育、神经传导、视觉功能的完善，以及钙的吸收有良好作用，宝宝体内不能自身合成牛磺酸，必须通过外源补充才能满足正常生长发育的需要	缺乏牛磺酸，会出现视网膜功能紊乱、生长发育缓慢、智力发育迟缓等	母乳，尤其是初乳中牛磺酸含量最丰富。在所有食物中，海产品中牛磺酸含量最为丰富，如章鱼、虾、牡蛎等。此外，蚕豆和黑豆中的含量也不少

营养素	对宝宝健康的作用	缺乏症状	食物来源
叶酸	叶酸是B族维生素中的一种，亦称为维生素B₉，是制造红细胞不可缺少的物质，它有助于蛋白质代谢，在制造核酸过程中扮演重要角色。叶酸在宝宝生长发育期，掌管着血液系统，起到促进组织细胞发育的作用，并能够提高智力，是宝宝成长过程中不可缺少的营养物质	缺乏叶酸，会引起巨幼细胞贫血，还会导致消化功能障碍，产生胃肠不适、神经炎、腹泻等问题。宝宝心智发展迟缓也跟缺乏叶酸有关，如果孕期缺乏叶酸，还会引起胎儿神经管畸形	含有维生素C的食物都含有叶酸，如新鲜蔬菜和水果，谷物类中小米、小麦、米糠、小麦胚芽、糙米等都含有丰富的叶酸
卵磷脂	卵磷脂可以促进婴幼儿大脑神经系统与脑容积的增长、发育，提高和增强记忆力	缺乏卵磷脂，会降低皮肤细胞的再生能力，导致皮肤粗糙、有皱纹、脱发等，还会导致记忆力减退	蛋黄、牛奶、动物的脑、骨髓、心脏、肺、肝脏、肾脏，以及大豆和酵母中都含有卵磷脂
乳清蛋白	乳清蛋白是一种完善人体免疫系统的蛋白质，是母乳的主要成分，乳清蛋白含有人体必需的8种氨基酸，且配比合理，接近宝宝的需求比例，是宝宝生长发育中不可缺少的物质	缺乏乳清蛋白，会表现出生长发育迟缓，免疫功能降低，抵抗力下降，易患肠道疾病，不利于铁的吸收，从而导致缺铁	母乳、配方奶粉、奶酪及其他奶制品都含有乳清蛋白。母乳是乳清蛋白的主要来源，营养极其丰富

营养素	对宝宝健康的作用	缺乏症状	食物来源
铁	铁是宝宝生长发育与健康的重要营养素，是人体的必需元素之一。人体内铁的含量为35毫克/千克~60毫克/千克，在各种矿物质中居首位	缺乏铁元素最直接的危害就是造成宝宝缺铁性贫血，表现为：疲乏无力，面色苍白，皮肤干燥，毛发无光泽、易断、易脱，指甲条纹隆起，严重者指甲扁平，甚至呈"反甲"。缺铁严重的宝宝，易患口角炎、舌炎	动物肝脏、蛋黄、瘦肉、黑鲤鱼、虾、海带、紫菜、木耳等食物中含有丰富的铁。另外，动植物食品混合吃，铁的吸收率可增加1倍，因为富含维生素C的食品能促进铁的吸收
DHA	DHA隶属脂类，俗称脑黄金，是宝宝大脑发育、成长的重要物质之一，是一种对人体非常重要的多不饱和脂肪酸，对宝宝智力和视力发育至关重要	缺乏DHA可引发一系列症状，包括生长发育迟缓、皮肤异常鳞屑、智力障碍等	宝宝所需DHA的来源主要是母乳。食物中，鱼类体内含有丰富的DHA，深海鱼类中，三文鱼、金枪鱼、沙丁鱼、秋刀鱼等DHA含量很高。鸡蛋、猪肝中也富含DHA
钙	钙能够促进宝宝的骨骼生长。因为宝宝在不断地成长，所以钙的补充是非常重要的。钙还可以使宝宝牙齿更坚固	缺钙常表现为多汗、夜惊，1岁以上的宝宝表现为出牙晚，前囟门闭合延迟，常在1岁半后仍不闭合。缺钙严重时，肌肉肌腱均松弛，表现为腹部膨大、驼背等，1岁以内的宝宝站立时有X型腿或O型腿	豆制品和奶制品都是优质的补钙食品。此外，坚果、鸡蛋也是钙源丰富的食物，海产品如鱼、虾皮、虾米、海带、紫菜等含钙量也较高

营养素	对宝宝健康的作用	缺乏症状	食物来源
碘	碘被称为"智力元素"。人体内80%的碘存在于甲状腺中，碘的生理功能主要通过甲状腺激素表现出来，不仅对调节机体物质代谢必不可缺，对机体的生长发育也非常重要。0~2岁是脑细胞发育的关键时期，碘营养是否正常，直接影响到宝宝一生的智力水平	婴儿期缺碘，可引起克汀病，表现为智力低下，听力、语言和运动障碍，身材矮小，上半身比例大，有黏液性水肿，皮肤粗糙干燥，等等。幼儿期缺碘，则会引发甲状腺肿大	海带、紫菜、海鱼、虾等海产品含碘非常丰富
锌	锌是宝宝生长发育必需的元素，母乳中锌含量很适合宝宝生长发育的需要。初乳中含锌量达到20毫克/升，3~6个月的母乳中含锌量也能达到2毫克/升~3毫克/升，因此，母乳喂养的宝宝很少患锌缺乏症。但随着母乳质量的下降和辅食添加，食物补锌是妈妈一定要牢记的营养原则。而对哺乳妈妈而言，也应多选含锌量高的食物	锌缺乏对宝宝的味觉系统有不良影响，导致味觉迟钝及食欲缺乏，出现异食癖，生长停滞。锌缺乏的宝宝会出现皮肤干燥、头发易断没有光泽、创伤的愈合比较慢等症状	海产品中牡蛎、鱼类含锌量较高；动物性食物中，如猪肉、猪肝、鸡肉、牛肉等也含有一定量的锌。另外，豆类、坚果等都是补锌的好食品

营养素	对宝宝健康的作用	缺乏症状	食物来源
硒	硒是维持人体正常生理功能的重要矿物质，对宝宝的智力发育起着重要作用。硒还有抗氧化、增强免疫力的作用，能保护并稳定细胞膜，保证宝宝健康成长	宝宝缺硒易患假白化病，表现为牙床无色，皮肤、头发无色素沉着，以及大细胞贫血等症	含硒量高的动物食品有：猪肾、鱼、小海虾、对虾、海蜇皮、驴肉、羊肉等。含硒量高的植物食品有：芝麻、花生、黄花菜等
镁	镁是人体新陈代谢过程中必不可少的元素。宝宝体内的血镁含量虽然很少，但对维护中枢神经系统的功能，抑制神经、肌肉的兴奋性，保障心肌正常收缩等方面有重要作用	缺乏镁元素会使宝宝发生低镁惊厥症，轻症仅表现为眼角、面肌或口角的搐动，典型发作为四肢强直性抽搐	绿色蔬菜、水果、海带、豆类、燕麦、玉米、坚果类、花生、芝麻、扁豆等含镁量较高
钠	钠可调节人体内液体酸碱性，调节水分交换，保持渗透压平衡，有助于防止宝宝热衰竭和中暑。钠还参与神经和肌肉的活动，协助神经和肌肉的正常运作，使宝宝活动更灵活	宝宝长期出汗过多、腹泻、呕吐等会发生钠缺乏症。钠元素缺乏会造成宝宝身体失水、食欲减退和生长缓慢	人体钠来源主要为食盐，以及加工、制作食物过程中加入的钠的复合物

附录3 扫除体内损脑物质的饮食攻略

随着工业的发展，各种污染广泛存在于生活的各个角落。这些污染物会伤害到抵抗力弱的宝宝，尤其是对宝宝的智力有着严重的消极影响。

伤害宝宝的五大毒物

损脑物质	对宝宝脑部的危害
铅	铅污染越严重的地方，儿童智力低下的发病率越高。儿童的血铅水平每上升100微摩尔/升，其智商（IQ）要下降6~8分。儿童血铅过高易导致小儿多动症、注意力不集中、学习困难、攻击性行为及成年后的犯罪行为
甲基汞	易导致儿童神经性行为发育障碍，包括注意力、记忆力、语言、精细运动、听力和视味觉等方面的异常
镉	易致中枢神经系统损害，如脑损害、脑神经发育不良、记忆力下降、弱智等
多氯联苯	可致小儿生长发育神经性迟缓、肌张力过低、痉挛、行动笨拙、智商降低
杀虫剂	杀虫剂中含有的有机污染物会使宝宝大脑及神经系统出现障碍。生活在受杀虫剂污染严重的环境中的宝宝，从2~4岁起就会出现记忆力减退、注意力难以集中、学习困难等障碍。到了学龄期，其平均智商可能比正常同龄宝宝低6%以上

居家饮食排毒措施

多吃富含维生素C的食物

维生素C可与毒素结合生成难溶于水的物质，从而从粪便排出。维生素C广泛存在于水果蔬菜中，带酸味的水果，如橘子、柠檬、石榴、山楂，尤其是酸枣中的含量最丰富，苹果、草莓、圆白菜、蒜苗、西红柿、菜花等也含有维生素C。

多吃富含蛋白质和铁的食物

蛋白质和铁可取代毒素与组织中的有机物结合加速毒素代谢。含优质蛋白质的食物有鸡蛋、牛奶和瘦肉等，含铁丰富的绿叶蔬菜和水果有菠菜、芹菜、油菜、萝卜缨、苋菜、芥菜、西红柿、柑橘、桃、菠萝和红枣等。

多吃富含果胶的食物

果胶属于天然高分子物质，分子量为15万~30万，由几十个至几百个脱水的半乳糖醛酸组成，常与钙或镁形成巨大的网络结构，然后与体内的铅、汞等毒素形成不溶解的不能被吸收的复合物，再同粪便一起排出体外，果胶对毒素有强大的捕捉力，可以有效地清除人体内的毒素和其他重金属。因此，可多吃含果胶较多的食物。

附录4 有损大脑发育的食材黑名单

虽然食物是宝宝大脑发育的重要营养来源，但并不是所有的食物都对宝宝的大脑发育有益，也有不少食物对宝宝的大脑有很强的杀伤力，下面就列出一些有损宝宝智力发育的食材黑名单。

煎炸食品

煎炸过的食物在经过放置之后，不久就会生成过氧脂质，过氧脂质进入人体后，会对人体内的某些代谢酶系统及维生素等产生极大的破坏作用，从而造成大脑早衰和痴呆。

味精

味精的主要成分为谷氨酸钠，在消化过程中能分解出谷氨酸，谷氨酸含量一旦过高就会转变成一种抑制性神经递质。当宝宝摄取过量的味精后，还容易导致体内缺锌。

白糖

白糖是典型的酸性食品，如果饭前多吃含糖高的食物，害处尤其显著，因为糖在体内过剩会使血糖上升，感到腹部胀满。长期大量食用白糖会引起肝功能障碍。

如果宝宝吃白糖过多，不仅容易发胖，而且糖汁留在牙缝里，容易造成龋齿。长期过量地食用白糖，易使宝宝形成酸性体质和酸性脑，严重影响宝宝的智力发展。因此，为了保护宝宝的智力，尽量让宝宝少吃白糖及用白糖制作的糕点、饮料等。

过咸食物

人体对食盐的生理需要极低，成年人每天6克以下，宝宝每天1克以下就足够了。常吃过咸食物会损伤动脉血管，影响脑组织的血液供应，使脑细胞长期处于缺血、缺氧状态下，从而导致记忆力下降、大脑过早老化。

咖啡

咖啡中所含的咖啡因，是一种生物碱，对人的大脑有刺激作用，以致引起兴奋。在咖啡因作用的影响下，大脑供血会减少，如果父母给宝宝吃过多含咖啡因的食物，就会严重影响宝宝的智力发育。

附录5 最值得推荐的健脑食材

宝宝出生后大脑的发育非常迅速，特别是在宝宝刚刚出生后的3年里。宝宝长到7~8岁时脑重量已达到成人的90%左右。为了促使宝宝的大脑更好地发育，从小就应多给宝宝吃健脑食品，使宝宝成为一个聪明的孩子。

鱼类、贝类

鱼肉脂肪中含有对神经系统具备保护作用的一种脂肪酸，这种脂肪酸有助于健脑。而且鱼类还可以给大脑提供优质蛋白质和钙，对大脑细胞活动有促进作用。尤其是深海鱼类，富含DHA、二十碳五烯酸、二十二碳六烯酸等对脑发育极为有益的物质。经常让宝宝吃鱼对宝宝的大脑发育非常重要，特别是在发育早期，吃鱼还有助于加强神经细胞的活动，从而提高学习和记忆能力。

贝类中碳水化合物及脂肪含量非常低，几乎是纯蛋白质，可以快速供给大脑大量的酪氨酸，因此可以大大激发宝宝大脑能量，提高情绪以及提高大脑功能。

动物内脏

动物内脏不但营养丰富，其健脑作用也大大优于动物肉质。因为动物内脏比肉质含有更多的不饱和脂肪酸。动物的肝、肾富含红细胞的重要组成成分——铁质，血液中的铁含量充足，可为大脑运送充足的氧气，保证红细胞的质量，从而能有效地提高大脑的工作效率。

鸡蛋

鸡蛋中所含的蛋白质是天然食物中最优良的蛋白质之一，它富含人体所需要的氨基酸，而蛋黄中所含的丰富卵磷脂被酶分解后，能产生出丰富的乙酰胆碱，进入血液后又会很快到达脑组织中，可增强记忆力。同时，蛋黄中的铁、磷含量较多，均有助于大脑发育。但要注意，1岁以内的宝宝只需吃蛋黄，最好不吃蛋白，因为蛋白中的白蛋白分子很小，而宝宝肠壁的通透性较高，白蛋白未经消化可直接通过肠壁进入血液，成为宝宝体内的一种异性蛋白，1岁以内的宝宝对异性蛋白很容易产生过敏反应。因此，蛋白最好等宝宝1岁以后再吃。

全麦制品和糙米

增强机体营养吸收能力的最佳途径是食用糙米。糙米中含有各种维生素，对于保持认知能力至关重要。其中维生素B_6对降低类半胱氨酸的含量有很大的作用。

深色绿叶蔬菜

蛋白质食物在人体新陈代谢时会产生一种名为类半胱氨酸的物质，这种物质本身对身体无害，但含量过高会引起认知障碍和心脏病。而且类半胱氨酸一旦氧化，就会对人体动脉血管壁产生毒副作用。维生素B_6或维生素B_{12}可以防止类半胱氨酸氧化，而深色绿叶蔬菜中维生素含量最高。

核桃和芝麻

现代研究发现，这两种食物所含的营养物质非常丰富，特别是不饱和脂肪酸含量很高。因此，人们常吃它们，可为大脑提供充足的亚油酸、亚麻酸等分子较小的不饱和脂肪酸，以排除血管中的杂质、增强大脑的功能。另外，核桃中含有大量的维生素，对于改善神经衰弱、失眠症、松弛脑神经的紧张状态、消除大脑疲劳有很好的功效。核桃容易呛进宝宝气管，所以1岁以内的宝宝宜碾碎了再吃。

豆类及其制品

豆类食品含有人体所需的优质蛋白和8种必需氨基酸，这些物质都有助于增强脑血管的机能。另外，豆类还含有卵磷脂、丰富的维生素及其他矿物质，特别有益于宝宝的脑部发育。但一次不宜大量摄取，因为此类食物可算是植物中的肉类，食用后会有饱胀感。

水果

菠萝中富含维生素C和重要的微量元素锰，对提高人的记忆力大有帮助；柠檬可提高人的接受能力；香蕉可向大脑提供重要的物质——酪氨酸，而酪氨酸可使人精力充沛、注意力集中，并能提高人的创造能力；橘子含有大量维生素A、维生素B_1和维生素C，属典型的碱性食物，可以消除大量酸性食物对神经系统造成的危害。